上海市工程建设规范

地源热泵系统工程技术标准

Technical standard for ground-source heat pump system

DG/TJ 08—2119—2021

J 12325—2021

主编单位：上海市地矿工程勘察（集团）有限公司
华东建筑集团股份有限公司

批准单位：上海市住房和城乡建设管理委员会

施行日期：2021 年 12 月 1 日

同济大学出版社

2021　上海

图书在版编目(CIP)数据

地源热泵系统工程技术标准 / 上海市地矿工程勘察(集团)有限公司,华东建筑集团股份有限公司主编. —上海:同济大学出版社,2021.11

ISBN 978-7-5608-9951-0

Ⅰ.①地… Ⅱ.①上… ②华… Ⅲ.①热泵系统-技术标准-上海 Ⅳ.①TU831.3-65

中国版本图书馆 CIP 数据核字(2021)第 208038 号

地源热泵系统工程技术标准

上海市地矿工程勘察(集团)有限公司
华东建筑集团股份有限公司 **主编**

策划编辑 张平官
责任编辑 朱 勇
责任校对 徐春莲
封面设计 陈益平

出版发行 同济大学出版社 www.tongjipress.com.cn
(地址:上海市四平路 1239 号 邮编:200092 电话:021-65985622)
经 销 全国各地新华书店
印 刷 浦江求真印务有限公司
开 本 889mm×1194mm 1/32
印 张 4.25
字 数 114 000
版 次 2021 年 11 月第 1 版 2021 年 11 月第 1 次印刷
书 号 ISBN 978-7-5608-9951-0
定 价 40.00 元

上海市住房和城乡建设管理委员会文件

沪建标定〔2021〕514 号

上海市住房和城乡建设管理委员会
关于批准《地源热泵系统工程技术标准》为
上海市工程建设规范的通知

各有关单位：

由上海市地矿工程勘察(集团)有限公司和华东建筑集团股份有限公司主编的《地源热泵系统工程技术标准》，经我委审核，现批准为上海市工程建设规范，统一编号为 DG/TJ 08—2119—2021，自 2021 年 12 月 1 日起实施。原《地源热泵系统工程技术规程》DG/TJ 08—2119—2013 同时废止。

本规范由上海市住房和城乡建设管理委员会负责管理，上海市地矿工程勘察(集团)有限公司负责解释。

特此通知。

上海市住房和城乡建设管理委员会

二〇二一年八月十日

前 言

根据上海市住房和城乡建设管理委员会《关于印发〈2018 年上海市工程建设规范、建筑标准设计编制计划〉的通知》(沪建标定〔2017〕898 号)文的要求,由上海市地矿工程勘察(集团)有限公司、华东建筑集团股份有限公司会同有关单位对上海市建设工程规范《地源热泵系统工程技术规程》DG/TJ 08—2119—2013 进行修订。编制组在深入调查研究的基础上,认真总结了近七年来上海地区地源热泵工程实践经验和相关科研成果,对原规程进行了修改和完善,形成了本标准。

本标准共分 8 章,主要内容包括:总则;术语;工程勘察;工程设计;工程施工;工程验收;系统运行监测与管理;地源热泵系统性能测试评价。

本次修订的主要内容有:

1. 在适用范围中增加了"地下水地源热泵系统"。

2. 术语中增加了"浅层地热能""岩土体""含水层""地下水换热系统""直接式地下水换热系统""间接式地下水换热系统""热泵机房系统""水源井""抽水试验""回灌试验"等术语。

3. 增加了地下水换热系统工程勘察内容,补充和完善了地埋管换热系统、地表水换热系统工程勘察相关内容。

4. 增加了地下水换热系统工程设计内容,补充和完善了地埋管换热系统、地表水换热系统工程设计相关内容。

5. 增加了地下水换热系统工程施工内容,补充和完善了地埋管换热系统、地表水换热系统、机房系统工程施工相关内容。

6. 增加了地下水换热系统工程验收内容,细化和完善了地埋管换热系统、地表水换热系统、热泵机房系统工程验收内容。

7. 增加了地下水换热系统运行监测和管理内容，细化和完善了地埋管换热系统、地表水换热系统、热泵机房系统运行监测和管理内容。

8. 对附录进行了相应的补充完善，增加了平面热源法测定岩土热物性参数、工程验收记录表。

各单位及相关人员在执行本标准的过程中，如有意见和建议，请反馈至上海市住房和城乡建设管理委员会（地址：上海市大沽路 100 号；邮编：200003；E-mail：shjsbzgl@163.com），上海市地矿工程勘察（集团）有限公司（地址：上海市灵石路 930 号；邮编：200072；E-mail：gky@sigee.com.cn），上海市建筑建材业市场管理总站（地址：上海市小木桥路 683 号；邮编：200032；E-mail：shgcbz@163.com），以供今后修订时参考。

主 编 单 位：上海市地矿工程勘察（集团）有限公司
华东建筑集团股份有限公司

参 编 单 位：上海市建筑科学研究院有限公司
上海市地质调查研究院
上海市岩土地质研究院有限公司
上海亚新城市建设有限公司

参 加 单 位：上海市岩土工程检测中心有限公司
上海巨徽新能源科技有限公司
上海市地矿建设有限责任公司
上海匡迪电器设备工程有限公司
上海新宜能环境科技有限公司

主要起草人：黄 坚 王小清 高世轩 沈立东 孙 婉
瞿 燕 寇 利 陆惠泉 齐志安 乔坚强
寿炜炜 才文韬 胡国霞 谢世红 王庆华
严学新 张云达 朱伟峰 张伟强 王 洋
范 蕊 袁灯平 吕 亮 杨天亮 华国忠
王晓阳 章长松 王 浩 肖 锐 王荣彪

臧学轲　何招智　陈　敏　巫　虹　游　京
唐军武　张大明　黄　晖　王君若　王文根

主要审查人：钱必华　傅旭升　周念清　张　旭　张　波
周　强　陈建萍

上海市建筑建材业市场管理总站

目　次

Contents

1 总 则

1.0.1 为规范本市地源热泵系统应用，保证地源热泵系统工程质量，使地源热泵系统符合技术先进、资源节约和环境保护的要求，制定本标准。

1.0.2 本标准适用于新建、改建、扩建建筑和设施的地埋管、地表水、地下水地源热泵系统工程的勘察、设计、施工、验收、系统运行监测与管理、性能测试评价。

1.0.3 地源热泵系统工程应综合考虑地质条件、冷热用能特性、地下换热器设置空间和系统经济性要求，合理设计，规范施工。

1.0.4 地源热泵系统工程的勘察、设计、施工、验收、运行监测与管理、性能测试评价除应符合本标准外，尚应符合国家、行业和本市现行有关标准的规定。

2 术 语

2.0.1 浅层地热能 shallow geothermal energy

蕴藏在地表以下 200 m 以内深度范围的岩土体、地下水和地表水中，温度低于 25 ℃，具有开发利用价值的热量。

2.0.2 地源热泵系统 ground-source heat pump system

以岩土体、地下水或地表水为低温热源，由热泵机组、地热能交换系统、热泵机房辅助设备组成的冷热源系统。根据地热能交换系统形式的不同，地源热泵系统分为地埋管地源热泵系统、地下水地源热泵系统和地表水地源热泵系统。

2.0.3 岩土体 rock-soil body

指岩体、土体及其组合。岩体是工程作用范围内具有一定的岩石成分、结构特征的岩石集合体；土体是分布于地壳表层浅部尚未固结成岩的松散堆积物。

2.0.4 换热介质 heat-transfer fluid

地源热泵系统中，通过换热器与岩土体、地下水或地表水进行换热的一种液体，一般为水或添加防冻剂的水溶液。

2.0.5 地埋管换热系统 ground heat exchanger system

换热介质通过地埋管换热器与岩土体进行热能交换的系统，也称土壤热交换系统。

2.0.6 地埋管换热器 ground heat exchanger

供换热介质与岩土体换热用，由埋于地下的密闭循环管组构成的换热器。根据管路埋置方式的不同，分为竖直地埋管换热器和水平地埋管换热器。

2.0.7 竖直地埋管换热器 vertical ground heat exchanger

竖直埋置在岩土体内的地埋管换热器。

2.0.8 地表水换热系统 surface water heat exchanger system

与地表水进行换热的能量交换系统，分为开式地表水换热系统和闭式地表水换热系统。

2.0.9 开式地表水换热系统 open-loop surface water heat exchanger system

经处理的地表水在循环泵的驱动下，直接流经热泵机组或通过中间换热器进行换热的系统。

2.0.10 闭式地表水换热系统 closed-loop surface water heat exchanger system

将封闭的换热管按照特定的排列方法放入具有一定深度的地表水体中，换热介质通过换热管管壁与地表水进行换热的系统。

2.0.11 地下水换热系统 groundwater heat exchanger system

与地下水进行热交换的地热能交换系统，分为直接式地下水换热系统和间接式地下水换热系统。

2.0.12 直接式地下水换热系统 direct groundwater heat exchanger system

从抽水井取出的地下水，经处理后直接流经热泵机组，热交换后返回地下同一含水层的地下水换热系统。

2.0.13 间接式地下水换热系统 indirect groundwater system

由抽水井取出的地下水经中间换热器热交换后返回地下同一含水层的地下水换热系统。

2.0.14 含水层 aquifer

能透过水并给出相当数量水的岩层。

2.0.15 热泵机房系统 heat pump engine room system

由水/热泵机组、水泵及辅助换热设备等组成的机房系统。

2.0.16 环路集管 loop collection tube

连接各并联环路的集合管。

2.0.17 复合式冷热源系统 combined heating & cooling source system

指地源热泵系统需要辅助散热或补热设备时，采用冷却塔、水冷冷水机组或空气源热泵机组及其他冷热源设备组成的系统。

2.0.18 岩土原始温度 initial temperature of the rock-soil

自然条件下岩土体的温度。

2.0.19 岩土综合热物性参数 parameter of the rock-soil thermal properties

表征试验深度内岩土层的综合热物性参数，如综合导热系数、综合比热容等。

2.0.20 勘探孔 prospecting holes

用于查明地层及其热物性、地温场特征、含水层及其水文地质参数的钻孔，包括取芯鉴别地层的钻孔、岩土温度测试孔、热响应试验孔、水文地质试验孔、地下水位观测孔等。

2.0.21 水源井 water source well

用于从地下含水层中取水或向含水层中灌注水的井，是抽水井和回灌井的统称。

2.0.22 岩土热响应试验 rock-soil thermal response test

通过测试仪器，对项目所在场区的测试孔进行一定时间的连续加热（或散热），获得岩土综合热物性参数及岩土初始平均温度的试验。

2.0.23 抽水试验 pumping test

利用揭露目标含水层的水文地质试验孔或水源井，抽取目标含水层中地下水并观测抽水量及水位变化过程，根据抽水量与水位关系，确定含水层富水程度和水文地质参数的试验。

2.0.24 回灌试验 injection test

利用揭露目标含水层的水文地质试验孔或水源井，向目标含水层中注水，观测注水量及水位变化过程，确定含水层渗透性、注水量和水文地质参数的试验。

2.0.25 热泵机组制热/制冷性能系数 heating (cooling) coefficient of performance of heat pump units

热泵机组的制热/制冷量与输入能量之比。

2.0.26 系统(制热/制冷)能效比 energy efficiency ratio of heat pump system

地源热泵系统的制热/制冷量与输入能量之比。

3 工程勘察

3.1 一般规定

3.1.1 地源热泵系统工程方案设计前应进行工程勘察；地表水和地下水地源热泵系统工程勘察前应进行水资源论证。

3.1.2 工程勘察应根据地源热泵系统形式，搜集利用已有工程地质、水文地质、地表水水文资料，合理制定勘察方案。工程勘察完成后，应编写工程勘察报告，并对浅层地热资源可利用情况提出建议。

3.2 地埋管换热系统勘察

3.2.1 勘察应查明下列内容：

1 场地现状。

2 地层结构、岩性及其分布。

3 岩土原始温度。

4 岩土热物性参数。

5 地下水位分布。

3.2.2 勘探孔深度应大于地埋管换热器埋设深度 5 m；勘探孔数量应符合下列规定：

1 埋管区面积小于等于 2 500 m^2 时，勘探孔数量不少于 1 个。

2 埋管区面积大于 2 500 m^2、小于等于 10 000 m^2 时，勘探孔数量不少于 2 个。

3 埋管区面积大于 10 000 m^2 时，每增加 10 000 m^2 增加 1 个勘探孔。

3.2.3 勘探孔数为1个时，宜布置在埋管区的中心部位；大于等于2个时，应根据埋管区域平面形态和场地状况合理布置。

3.2.4 地质钻探应符合下列要求：

1 取芯钻进，钻探回次进尺不大于2.0 m，终孔孔深误差不大于0.5%。

2 钻探过程中采取岩土样品进行常规物理性质指标测试，取样间距不大于6.0 m。

3.2.5 岩土原始温度测试应符合下列要求：

1 在地温恢复后进行，地温恢复时间不少于72 h。

2 测温深度不小于地埋管换热器设置深度。

3 测温点间距不大于10 m。

4 测温允许误差为±0.2 ℃。

3.2.6 地埋管地源热泵系统工程埋管区面积大于2 500 m^2时，应进行岩土热响应试验，试验方法和技术要求见本标准附录A。热响应试验孔的数量应符合下列规定：

1 埋管区面积大于2 500 m^2、小于等于5 000 m^2时，热响应试验孔数量不少于1个。

2 埋管区面积大于5 000 m^2、小于等于20 000 m^2时，热响应试验孔数量不少于2个。

3 埋管区面积大于20 000 m^2时，埋管区面积每增加20 000 m^2增加1个热响应试验孔。

3.2.7 当工程设计需要各层岩土热物性参数时，应分层采取原状岩土样品进行室内热物性参数测试，主要岩土层的样品数量宜不少于3件，平面热源法测定岩土热物性参数方法和技术要求见本标准附录B。

3.2.8 勘察报告应包括下列内容：

1 项目概况。

2 勘察工作概况。

3 拟建工程场区场地条件。

4 拟建工程场区地质条件。

5 岩土热物性特征。

6 地下换热器换热能力分析评价。

7 结论与建议。

3.3 地表水换热系统勘察

3.3.1 勘察应查明下列内容：

1 场地现状。

2 地表水水源性质、用途、深度、面积及其分布。

3 地表水水源水位、不同深度的水温动态变化。

4 地表水流速和流量动态变化。

5 地表水水质及其动态变化。

6 地表水利用现状。

7 河床或湖底的岩性和淤积情况、岸带稳定性。

8 地表水取水和退水的适宜地点及路线。

3.3.2 地表水水文调查应搜集可供工程设计使用的长期水文动态资料。同一工程分区内，调查及测试点的数量均不得少于3处，并应满足地表水环境评价的要求。

3.3.3 开式地表水地源热泵系统应对设备和管道的耐腐蚀性以及生物附着造成的管道和设备堵塞等进行评估。

3.3.4 水工构筑物工程勘察应按现行上海市工程建设规范《岩土工程勘察规范》DGJ 08—37 执行。

3.3.5 勘察报告应包括下列内容：

1 项目概况。

2 勘察工作概况。

3 拟建工程场地条件。

4 地表水资源条件。

5 水工构筑物地基基础分析与评价。

6 结论与建议。

3.4 地下水换热系统勘察

3.4.1 地下水换热系统勘察应查明下列内容：

1 场地现状。

2 地下水类型。

3 含水层的分布规律，包括含水层岩性、分布、埋深及厚度。

4 含水层的富水性和渗透性。

5 地下水的水位、水温和水质。

6 地下水径流方向、速度和水力坡度。

7 地下水水位动态变化。

3.4.2 地下水换热系统勘察应布置水文地质勘探孔，勘探孔数量不应少于1个，勘探孔的结构和施工应符合现行国家标准《供水水文地质勘察规范》GB 50027的要求。

3.4.3 地下水换热系统勘察应进行水文地质试验，试验宜包括下列内容：

1 抽水试验。

2 回灌试验。

3 地下水采样与水质分析。

3.4.4 抽水试验及水文地质参数计算应符合现行国家标准《供水水文地质勘察规范》GB 50027的要求。

3.4.5 回灌试验应符合下列规定：

1 回灌试验宜采用稳定流量，流量量程不宜少于2个。

2 回灌试验的稳定持续时间不宜少于16 h。

3 回灌试验时，应同步观测地下水水位和流量，观测时间宜在试验开始后的第5、10、15、20、25、30 min各观测1次，以后每间隔30 min观测1次。

4 回灌水水质不应低于原含水层地下水水质。

3.4.6 地下水水样宜在抽水试验结束前采集，地下水质量检测指标不应少于常规指标；地下水样采集、保存、送检及地下水质量检测方法应符合现行国家标准《地下水质量标准》GB/T 14848 的要求。

3.4.7 勘察报告应包括下列内容：

1 项目概况。

2 勘察工作概况。

3 拟建工程场地条件。

4 目标含水层分析评价。

5 水源井抽、灌能力分析评价。

6 地质环境影响与评价。

7 结论与建议。

4 工程设计

4.1 一般规定

4.1.1 在空调系统冷热源选择时，宜将地源热泵系统列为重要的比选方案。

4.1.2 采用地源热泵系统方案时，应根据建筑负荷特性，对现场条件、能源政策、节能效果、经济效益、环境影响等进行可行性分析。

4.1.3 地源热泵系统方案设计时，应对建筑物全年冷、热负荷特性进行分析，不平衡时，宜与其他空调冷热源组成复合冷热源。

4.1.4 地源热泵系统制冷能效比、制热性能系数应符合现行上海市工程建设规范《可再生能源建筑应用测试评价标准》DG/TJ 08—2162 的相关要求。

4.2 地埋管换热系统设计

4.2.1 地埋管地源热泵系统的容量应与系统冷热负荷、地埋管有效埋设空间匹配。

4.2.2 地埋管换热系统设计应进行全年供暖空调动态负荷计算，最小计算周期宜为 1 年，计算周期内，地源热泵系统总释热量和总吸热量宜基本平衡；设计阶段宜进行系统 10 年以上岩土温度场数值模拟以及运行预期效果分析。

4.2.3 地埋管地源热泵系统宜设置地温场监测系统。

4.2.4 地埋管地源热泵系统的埋管如设在建筑物的基础下时，应与有关专业协调,考虑基础沉降、防水、安全及施工工艺等因素。

4.2.5 地埋管换热系统设计前应明确埋管区域内各种地下管线的种类、位置及深度,并考虑未来地下管线所需的埋管空间及埋管区域进出重型设备的车道位置。

4.2.6 地埋管换热系统的位置宜邻近机房或以机房为中心设置。

4.2.7 地埋管与管件应符合下列规定:

1 地埋管与管件应采用化学稳定性好、耐腐蚀、导热系数大、流动阻力小的塑料管,二者材料应相同;各项性能指标应符合国家现行标准的有关规定。

2 地埋管与管件的公称压力及使用温度应满足设计要求,且公称压力值不应小于 1.0 MPa;地埋管的外径及壁厚可按本标准附录 C 的规定选用。

4.2.8 地埋管换热器内的换热介质一般为水,选用其他介质时应符合下列要求:

1 安全,腐蚀性弱,与换热管材无化学反应。

2 冰点较低。

3 传热性能良好,摩擦阻力系数较小。

4 易于购买、运输和储藏。

5 传热流体应保持紊流状态,单 U 型管内的流速不宜小于 0.6 m/s,双 U 型管内的流速不宜小于 0.4 m/s。

4.2.9 竖直换热孔的回填料应根据地质条件确定,回填料的导热系数不应小于周围岩土体的导热系数,回填料的渗透系数应满足抗渗要求。

4.2.10 地埋管换热器长度设计计算应满足下列要求:

1 地埋管换热器的长度应考虑管材、岩土体及回填料热物性的影响,采用专用软件计算,小型地埋管换热器的长度设计也可按照本标准附录 D 的方法进行计算。

2 地埋管换热器长度应满足地埋管换热系统最大取热量或最大释热量的要求,全年总取热量宜与总释热量平衡。

3 环路集管长度不应计入地埋管换热器总长度内。

4.2.11 除桩基埋管外，竖直地埋管换热器深度宜大于60 m；单U型管钻孔孔径不宜小于110 mm，双U型管钻孔孔径不宜小于140 mm；钻孔间距宜为4 m～6 m；水平环路集管距地面不宜小于1.5 m，水平环路集管敷设坡度不应小于0.002。

4.2.12 竖直地埋管换热器环路两端应分别与供、回水环路集管（或中间分、集水器）相连接，且宜同程布置；与每对供、回水环路集管（或分、集水器）连接的地埋管环路数宜相等；供、回水环路集管的间距不应小于0.6 m。

4.2.13 大规模的地埋管换热系统宜结合主机容量分区设置分、集水器，各回路连接地埋管换热器数量、埋管深度宜保持一致，且每组集管连接的竖直换热孔的数量不宜超过8个。

4.2.14 地埋管换热器系统设计时，应控制系统最低点的工作压力在1.5 MPa以内。若建筑物内系统压力超过地埋管换热器的承压能力时，应设中间换热器，将地埋管换热器与建筑物内系统隔离。

4.3 地表水换热系统设计

4.3.1 地表水地源热泵系统形式应根据水体的用途、面积、深度、水质、水位、水温、径流量、系统经济性以及项目现场条件等因素确定。

4.3.2 地表水换热盘管的位置应远离其他取、退水口，水系统宜采用变流量调节。

4.3.3 地表水取水系统的水处理方案应根据水质情况确定；取水段宜设机械或人工清污的拦污格栅装置；水泵压出段宜设自动反冲洗过滤器。

4.3.4 地表水换热盘管的管材与传热介质应分别符合本标准第4.2.7条、第4.2.8条的规定。热泵机组的换热管材质和管型应根据水质情况和清洗、除污措施确定。淡水系统的换热管宜选铜管或铜镍合金管。

4.3.5 地表水取、退水口设计应符合以下要求：

1 取水口应设置在回淤强度弱、水质较好、水体最低水位之下较深处；取水量变化较大或需要连续运行时，应设置多根取水管。

2 取水口应避开水系中的集中释热点，退水口应位于取水口下游较远处；对于双向流动的水系，应避免取、退水口之间的热传递。

3 地表水取、退水口应邻近项目现场。

4 系统取水所提升的水位不应过大；对于水位变化较大的水体，取水泵宜采用变频调速控制。

4.3.6 开式地表水系统设计应满足以下要求：

1 系统应采取符合环保要求的灭藻措施，在水深、水质、水量等条件合适时，宜采用直接供水系统。

2 直接供水的地表水系统的换热器，应采用在线自动清洗装置。

4.3.7 闭式地表水换热系统换热器设计应满足以下要求：

1 换热量应满足系统设计释热量和取热量的要求。

2 换热器设计时，夏季工况下的接近温度宜取 2 ℃～10 ℃，冬季工况下的接近温度宜取 1.5 ℃～6 ℃；设计工况下换热器夏季出水温度不应高于 32 ℃，冬季进水温度应高于 5 ℃。

3 换热器的型式应由水体的面积、深度、水质等因素确定。

4 换热单元的换热性能和规格应通过计算或试验确定；换热管内的流体应保持紊流状态。

4.3.8 闭式地表水换热盘管应可靠地固定在水体底部，换热盘管底部与水体底部的距离不应小于 0.2 m；换热盘管顶部与地表水最低水位的距离不应小于 1.5 m；换热单元间应保持一定的距离。

4.3.9 闭式地表水换热系统的设计，应确保系统压力不超过换热盘管的承压能力。换热单元宜同程布置，各中间分、集水器所辖并联环路的水阻力宜相同，环路管道的布置应与水体形状相适应，供、回水集管宜分开布置。

4.4 地下水换热系统设计

4.4.1 地下水换热系统设计冷、热负荷应根据建筑物全年冷、热负荷动态计算结果合理确定。

4.4.2 地下水换热系统应采取回灌措施，换热后的地下水应全部回灌到相应的取水层位，且不对地下水资源造成污染。

4.4.3 地下水换热系统设计应包含下列内容：

1 地下水循环总量。

2 水源井设计与布局。

3 水源井连接管路。

4 水源井井室及井口装置。

5 抽灌设备及设施。

4.4.4 地下水循环总量应满足地下水地源热泵系统最大释热量或最大取热量的要求。

4.4.5 水源井设计应符合下列规定：

1 水源井结构应符合现行国家标准《供水管井技术规范》GB 50296 的相关规定。

2 水源井抽水量和回灌量应根据工程所在区域的水文地质条件、抽灌试验结果、区域水位控制要求及井群影响综合确定。

4.4.6 水源井布置应符合下列规定：

1 采用以灌定采的方式。

2 数量满足地下水循环总量采、灌的要求。

3 井间距避免抽水井与回灌井发生热贯通。

4 井位设置避开有污染的地面和地层。

4.4.7 水源井连接管路设计应符合下列要求：

1 管路同时设置抽水管道和回灌管道。

2 管道的管径按照最大循环水量确定。

3 管道的埋设深度根据地质条件、外部荷载、管材性能、抗浮要求及与其他管道交叉等因素确定。

4 管道与其他管道交叉时的最小垂直净距，按照现行国家标准《室外给水设计规范》GB 50013 的规定确定。

5 供回水管道避免穿过毒物污染或腐蚀性地段，无法避开时应采取保护措施。

4.4.8 水源井井室及井口装置应符合下列要求：

1 井室满足井口设备安装、维修和水泵吊装要求。

2 井口应密封，并设置地下水温度、压力、流量、水位监测设施。

3 抽水管和回灌管设置相互转换阀门、排气装置。

4.4.9 地下水换热系统宜根据水源水质情况配置除砂、铁、锰、垢等附属装置，采用直接或间接换热系统。

4.4.10 地下水换热系统宜采用变流量设计。

4.5 热泵机房系统设计

4.5.1 地源热泵系统的机房设计应符合现行国家标准《民用建筑供暖通风与空气调节设计规范》GB 50736 的规定。其中涉及生活热水或其他热水供应部分，应符合现行国家标准《建筑给水排水设计规范》GB 50015 的规定。

4.5.2 热泵机组设计应满足以下要求：

1 装机容量应按空调计算负荷确定，不另作附加。

2 性能与台数应适应空调负荷全年变化规律，满足季节及部分负荷要求，一般不宜少于 2 台。

3 使用的制冷剂必须符合国家现行相关环境保护的规定。

4.5.3 地源热泵系统需要辅助散热设备时，可采用冷却塔；或与水冷冷水机组、空气源热泵机组及其他冷热源设备组成复合式冷热源系统。有条件时，地源热泵系统可作为生活热水系统的热源。

4.5.4 地源热泵系统与其他冷热源系统宜在空调负荷侧合并组成多源复合式水系统。

4.5.5 地源热泵系统增设蓄热(冷)装置时，应进行技术经济性分析。

4.5.6 热泵机组、水泵、末端装置等设备和管路及部件的工作压力，应不大于其额定工作压力。

4.5.7 地源热泵系统宜采用闭式冷却塔作为地源侧冬、夏热平衡调节手段；如采用开式冷却塔时，应在开式冷却塔和地下换热器之间增设板式换热器。

4.5.8 地源热泵换热系统循环水泵的流量，应满足所选热泵主机和水系统设计温差的要求；水泵的扬程应由循环管路的水力计算确定；对于分区控制的系统，循环水泵宜设置变频功能；换热系统宜具有反冲洗功能。

4.5.9 开式地表水换热系统循环水泵的安装高度应满足水泵允许吸水高度的要求；水力计算时，应结合水质条件予以修正，并应考虑取、退水口落差和地表水位的变化。

4.5.10 采用板式换热器的地下水或地表水热泵系统机房，应有清洗、维护换热器的空间；必要时，可设置备用换热器。

4.5.11 管道的水力计算应依据管内换热介质的水力特性；管道的阻力损失可按本标准附录E计算。

4.5.12 闭式管路换热系统应设置排气、定压、膨胀、自动补水以及水过滤装置。

4.5.13 热泵机房控制及监控应符合以下要求：

1 热泵机组应与各相关设备进行电气联锁，顺序启停。

2 采用自动运行方式时，宜利用冷(热)量、水温等参数进行优化控制。

3 热泵机房内系统的监测与控制可包括参数检测、参数与设备状态显示、自动调节与控制、工况自动转换、设备联锁与自动保护、能量计量以及中央监控与管理等。

4.5.14 直供机组热泵系统的供冷、供热水侧切换管路，应具有放水与清洗功能。

5 工程施工

5.1 一般规定

5.1.1 地源热泵系统工程施工前，应根据工程勘察测试资料、设计文件和施工图纸编制施工组织设计；施工组织设计应按规定程序审批后执行。

5.1.2 地源热泵系统工程使用的材料、配件、部件和设备等应符合现行国家有关标准的规定及设计要求，换热系统施工过程中做好管材及管件保护工作。

5.1.3 施工中遇有管道、电缆、地下构筑物或文物古迹时，应予以保护，并及时与有关部门联系协同处理。

5.1.4 施工过程中应加强对环境的保护，做好水土污染、强光污染、噪声污染、扬尘污染的防范处理措施。

5.2 地埋管换热系统施工

5.2.1 管道连接应符合下列规定：

1 竖直地埋管换热器的U型弯管接头，宜选用定型的U型弯头成品件，不得采用直管道煨制弯头。除U型弯头外，换热管应为整根管材，中间不得拼接。

2 竖直地埋管换热器U型管的组对长度应能满足下入钻孔后与环路集管连接的要求，组对好的U型管的两开口端部，应及时密封。

3 管道连接采用电熔或热熔连接，连接应符合现行行业标准《埋地聚乙烯给水管道工程技术规程》CJJ 101 的有关规定。

4 管道连接按竖直地埋管、环路集管、机房分集水器连接等顺序进行，每阶段都应分别进行水压试验，水压试验按照本标准附录 F 的方法进行。

5.2.2 竖直地埋管钻探施工应符合下列规定：

1 根据地层条件、孔深、孔径等合理选择钻探设备和钻进工艺。

2 钻进过程中应采取护壁措施，确保孔壁稳定。

3 钻孔深度应确保地埋管下放至设计深度。

4 钻孔的垂直度偏差不应大于 1%。

5.2.3 竖直地埋换热管下管应符合下列规定：

1 换热管在有压状态下和注浆管一同下入钻孔，至设计深度。

2 换热管应每间隔 2 m～4 m 安装管卡支撑，使 U 型管支管处于分开状态。

3 U 型管孔口预留长度应满足设计要求，并应在换热管顶端标识。

5.2.4 竖直地埋管钻孔回填应符合下列规定：

1 回填料及配比应符合设计要求，浆液水灰比应能满足注浆回填要求。

2 回填料通过注浆管自孔底向上进行。

3 回填结束后，应检查回填质量，沉陷部分应及时补浆。

4 钻孔注浆回填质量应确保埋管位置不发生涌水和涌砂现象。

5.2.5 环路集管安装施工应符合下列规定：

1 沟槽开挖应根据表层土性和地下水位埋深合理确定开挖方案，防止管沟坑壁滑塌。

2 沟槽底部先铺设不少于 200 mm 厚度的细砂并平整夯实。

3 管道不应有折断、扭结等问题，转弯处平顺，并采取固定措施。

4 安装完成后，应进行水压试验，确认无泄漏后回填。

5 沟槽应首先用细砂回填至高于管顶不少于100 mm处，后用不含石块及杂物的原土回填，并分层压实至设计标高。

5.2.6 地埋管换热器安装完成后，应在埋管区域做出标志或标明管线的定位带，并应采用3个及以上的现场永久目标进行定位。

5.2.7 地埋管换热系统管路安装后，应用清水对管路进行冲洗，管内水流速不小于1 m/s。

5.2.8 当室外环境温度低于0 ℃时，不宜进行地埋管换热器施工。

5.3 地表水换热系统施工

5.3.1 开式地表水换热系统施工应符合下列规定：

1 取水构筑物的施工工艺应根据取水水体类型和取水构筑物固定形式及设计要求确定。

2 管道的敷设、安装、固定和管道支墩施工，应符合现行国家标准《给水排水管道工程施工及验收规范》GB 50268的有关规定。

3 系统连接完成后应进行水压试验。

5.3.2 闭式地表水换热器和衬垫物的制作应符合下列规定：

1 制作换热盘管前应对换热管进行水压试验。

2 换热器的绑扎材料应选用强度符合要求的耐腐蚀材料。

3 换热器盘管各绑扎点必须牢固，且不得对换热器造成损伤。

4 盘管不得扭结。

5 衬垫物应选择耐腐蚀材料，其型式和尺寸应根据换热器型式和地基条件确定。

5.3.3 闭式地表水换热器和衬垫物安装应符合下列要求：

1　衬垫物安装应平整、坚固，地基强度应满足要求。

2　夏季盘管制作完成后应及时安装，不得长时间曝晒。

3　衬垫物平面定位误差不得大于200 mm，高程误差不得大于50 mm。

5.3.4　闭式地表水换热系统环路集管施工，应符合本标准第5.2.5条的相关规定。

5.3.5　闭式地表水换热系统安装完成后，应进行管道冲洗并进行水压试验。

5.4　地下水换热系统施工

5.4.1　地下水换热系统施工前应对临近建筑物、构筑物及管线进行调查，并根据需要采取保护措施。

5.4.2　水源井及管路位置应满足设计要求，定位误差不大于20 mm。

5.4.3　水源井施工应符合现行国家标准《管井技术规范》GB 50296和现行行业标准《供水水文地质钻探与管井施工操作规程》CJJ/T 13的规定；连接管道施工应符合现行国家标准《给水排水管道工程施工及验收规范》GB 50268的有关规定。

5.4.4　水源井成孔钻进应符合下列要求：

1　钻进开孔应加强孔口护壁和钻孔倾斜预防措施。

2　钻进用循环液应减少对含水层渗透性和水质的影响。

3　目标含水层应取土样样品，样品应能准确反映含水层的颗粒组成。

4　钻孔完成后应同时绘制地层钻孔柱状剖面图。

5.4.5　水源井成孔应圆正、垂直，并符合下列要求：

1　成孔直径不小于设计值。

2　成孔孔斜应小于1.5°。

5.4.6　水源井井管安装应符合下列要求：

1　井管应安装扶正器，扶正器尺寸和数量应根据成孔孔径、井管直径和长度确定。

2 井管宜采用丝扣或焊接方式连接，连接处应保持密封；采用焊接连接时，应对焊缝质量及时抽检。

5.4.7 水源井填砾应符合下列规定：

1 滤料采用天然石英砂，石英砂颗粒大小应与目标含水层颗粒级配相匹配。

2 填砾高度宜高于目标含水层顶面，滤料的数量可按式(5.4.7)计算：

$$V=0.785(D_k^2-D_g^2)L\cdot\alpha \tag{5.4.7}$$

式中：V ——滤料数量(m^3)；

D_k——填砾段井径(m)；

D_g——过滤管外径(m)；

L ——填砾段长度(m)；

α ——超径系数，一般为1.2～1.5。

3 应采用动水填砾法，滤料沿井管四周均匀投入，并测量填砾的高度。

5.4.8 水源井止水与封孔应符合下列规定：

1 采用直径为3 cm～5 cm优质黏土球止水，止水段厚度不应小于10 m。

2 止水结束后应进行止水效果检验。

3 止水效果检验合格后，止水段至孔口可采用黏土围填封孔。

5.4.9 水源井洗井应符合下列规定：

1 洗井方法应根据含水层特性、管井结构及管井强度等因素选用，宜采用2种或2种以上洗井方法联合进行。

2 洗井前后2次单位涌水量接近时可停止洗井，洗井后抽水含砂量达到设计要求。

5.4.10 采用抽水和回灌试验进行单井出水、回灌能力检验，抽水、回灌试验应满足下列规定：

1 先进行抽水试验，后进行回灌试验。

2 抽水试验可进行1次水位降深，抽水水量不宜小于单井设计出水量，出水量、动水位的稳定时间不小于48 h；抽水试验结束前，应对抽水井水的含砂量进行测定，含砂量的体积比应小于1/200 000。

3 抽水试验完成后，应采取水样进行检验，水质分析符合本标准第3.4.6条的规定。

4 回灌试验宜以50%及100%设计回灌量两个量程分别进行，单个量程试验稳定时间宜不小于168 h。

5.5 热泵机房系统施工

5.5.1 热泵机房设备安装前，应勘查机房内的设备基础和现场施工条件，编制重要设备吊装施工方案。

5.5.2 机房设备安装前应按设计要求校验主机、水泵、板式换热器、稳压设备、承压水箱等设备的型号、规格、性能及技术参数。

5.5.3 设备安装应按设计要求进行，并符合下列要求：

1 主机横向和纵向的安装误差不大于1‰，水平误差不大于2‰。

2 水泵的横向水平度误差小于2‰，纵向水平度误差小于1‰。

3 固定措施宜采用普通膨胀螺栓、化学膨胀螺栓、地脚螺栓二次浇灌，并有防松动措施。

4 减振措施有减振垫、减振器或减振台。

5.5.4 地源侧分集水器安装前应进行水压试验，试验压力应为工作压力的1.5倍，且应不小于1.0 MPa。

5.5.5 冷热源系统的冷热转换阀门应在试压与关断性能检查合格后安装；压力试验应符合现行国家标准《通风与空调工程施工

质量验收规范》GB 50243 的规定。

5.5.6 管道系统安装应符合下列要求：

1 应根据管道材质选择相应的施工工艺。

2 管道与主机、水泵等设备采用柔性连接，且不得强行对口连接。

3 在与主机、水泵等运动、振动设备连接的管道处，应设置独立、固定的支吊架。

4 支吊架的紧固件不应直接接触塑料管、镀锌管、不锈钢管等；支吊架与管道间应避免产生冷桥。

5.5.7 机房管道穿越墙体或楼板处应设置钢制套管，并留出保温间隙；管道接口不得置于套管内；穿墙套管应做防水防火处理；穿人防处应满足人防设计要求。

5.5.8 管道系统安装完毕后，应进行水压试验。

5.5.9 保温工程施工应按下列要求进行：

1 管道保温工程应在管路系统试压、冲洗合格，除锈防腐工程完成后进行。

2 设备和管道系统的保温材料按设计要求选用；保温层与被保温体之间应无空隙；保温层搭接处应平滑过渡，缝隙密实一致、均匀；保温层纵缝应错接、密闭、不渗漏空气；易被损坏处有保护措施。

3 需要经常拆装的阀门、过滤器、法兰等部位的保温结构能单独拆装。

6 工程验收

6.1 一般规定

6.1.1 地源热泵系统工程应进行分项工程验收和竣工验收，并填写工程验收记录，验收记录见本标准附录G；验收资料应单独组卷。

6.1.2 地源热泵系统分项工程验收前，应根据施工进度对隐蔽部位进行验收，并应有详细的文字记录和必要的图像资料。

6.1.3 地源热泵系统分项工程应由专业监理工程师（或建设单位项目负责人）组织施工单位项目专业技术（质量）负责人等进行验收。其分项工程验收应符合下列规定：

1 按主控项目和一般项目验收。

2 主控项目全部合格。

3 一般项目的质量抽样检验，计数合格率不应小于80%，且不得影响使用功能。

4 具有完整的施工操作依据和质量验收记录。

6.1.4 地源热泵系统分项工程验收应包括：换热系统工程验收、热泵机房系统工程验收。

6.1.5 地源热泵系统主要组成材料、配件、部件和设备进场验收应遵守下列规定：

1 对系统主要组成材料、配件、部件和设备的品种、规格、包装、外观和尺寸等进行检查验收，并经专业监理工程师（或建设单位代表）确认，形成相应的验收记录。

2 对系统主要组成材料、配件、部件和设备的质量证明文件进行核查，并经专业监理工程师（或建设单位代表）确认，纳入工程技术档案。系统主要组成材料、配件、部件和设备均应具有产品合格证、出厂检测报告、产品说明书及产品性能检测报告;定型产品和成套技术应有型式检验报告,进口材料和设备应按规定进行出入境商品检验。

6.2 地埋管换热系统验收

Ⅰ 主控项目

6.2.1 管材、管件等材料应符合现行国家标准的规定。

检验方法:核查产品合格证、出厂检测报告、产品说明书及产品性能检测报告。

检查数量:全数检查。

6.2.2 地埋管的材质、直径、壁厚及长度应符合设计要求。

检验方法:观察、尺量,按设计图纸核对。

检查数量:每批次随机抽查10%,且不少于10件;少于10件的,全数检查。

6.2.3 垂直和水平埋管的安装位置和深度应符合设计要求。

检验方法:尺量、旁站检查,按设计图纸核对。

检查数量:随机抽查10%,且不少于10件;少于10件的,全数检查。

6.2.4 回填料及其配比应符合设计要求。

检验方法:检查配比单,与实物对照检查。

检查数量:每个竖直或水平埋管换热器回填时抽样检查不少于1次。

6.2.5 换热管道安装时,应分阶段对管道进行冲洗和水压试验;水压试验应符合本标准附录G中的相关规定。

检验方法:旁站检查,核查冲洗、水压试验记录。

检查数量：全数检查。

6.2.6 各环路流量应平衡，且应满足设计要求。

检验方法：观察检查；核查施工安装记录。

检查数量：全数检查。

6.2.7 环路集管安装完成后，宜对换热器环路的循环介质阻力和换热功率进行检测。

检验方法：通水试验，换热试验。

检查数量：循环介质阻力按环路支路全数检测；换热功率检测按 2%环路支路抽样，且不少于 2 个。

Ⅱ 一般项目

6.2.8 管材、管件等材料的包装应完整、无破损，表面应无损伤与划痕。

检验方法：观察检查。

检查数量：每批次随机抽查 10%，且不少于 10 件；少于 10 件的，全数检查。

6.2.9 管道的连接方法应符合设计要求和国家现行有关标准、产品使用说明书的规定。

检验方法：观察检查，按设计图纸、产品使用说明书核对。

检查数量：随机抽查 10%，且不少于 10 件；少于 10 件的，全数检查。

6.2.10 钻孔、水平埋管管沟的位置和深度应符合设计要求，其允许偏差应符合表 6.2.10 要求。

表 6.2.10 钻孔、水平埋管管沟的位置和深度的允许偏差

项目	允许偏差(mm)
钻孔孔位	50
钻孔深度	50，−50

续表6.2.10

项目	允许偏差(mm)
钻孔垂直度	1%L,且不得串孔
水平埋管管沟位置	50
水平埋管管沟标高	20,－20

注:L—孔深(mm)。

检验方法:采用测斜仪、钢卷尺、经纬仪、测绳等量测,按图纸核对;核查成孔的施工与检测记录。

检查数量:随机抽查10%,且不少于10个;少于10个的,全数检查。

6.2.11 地埋管区域应做出标志或标明管线定位带。

检验方法:观察检查。

检查数量:全数检查。

6.2.12 阀门井施工质量应符合设计要求和现行国家有关标准的规定。

检验方法:观察检查,核查阀门井验收记录。

检查数量:全数检查。

6.3 地表水换热系统验收

Ⅰ 主控项目

6.3.1 换热系统的管材、管件等材料应符合国家现行标准的规定。

检验方法:核查产品合格证、产品出厂检测报告、产品说明书及产品性能检测报告。

检查数量:全数检查。

6.3.2 换热系统的管材、管件的直径、壁厚及材质应符合设计要求。

检验方法：观察、尺量，按设计图纸核对。

检查数量：每批次随机抽查10%，且不少于10件；少于10件的，全数检查。

6.3.3 闭式地表水换热系统的衬垫物强度、重量、耐腐蚀性应满足设计要求，重量误差不大于10%。

检验方法：观察、称重，核查衬垫物性能检测报告，按设计图纸核对。

检查数量：随机抽查总数的10%，且不少于10件；少于10件的，全数检查。

6.3.4 闭式地表水换热系统的防冻剂和防腐剂特性及浓度应符合设计要求。

检验方法：核查产品出厂合格证、产品出厂检测报告、产品说明书及产品性能检测报告，按设计图纸核对。

检查数量：全数检查。

6.3.5 开式地表水换热系统工程安装质量应符合下列要求：

1 管道及配件的安装位置和深度应符合设计要求。

检验方法：尺量、旁站检查，按设计图纸核对。

检查数量：随机抽查10%，且不少于10件；少于10件的，全数检查。

2 换热系统的取水口、退水口及其管道设备的安装质量应符合设计要求和现行行业标准《泵站施工规范》SL 234 的相关规定。

检验方法：观察检查，按设计图纸核对，查阅施工安装记录。

检查数量：全数检查。

3 管道系统安装完毕后，应按设计要求进行水压试验，水压试验应符合现行国家标准《通风与空调工程施工质量验收规范》GB 50243 的相关规定。

检验方法：旁站检查，核查水压试验记录。

检查数量：全数检查。

6.3.6 闭式地表水换热系统工程安装质量应符合下列要求：

1 换热器型式、安装位置和深度应符合设计要求。

检验方法：观察检查，尺量，按设计图纸核对。

检查数量：全数检查。

2 换热器管道、衬垫物绑扎应牢固。

检验方法：观察，检查施工安装记录。

检查数量：全数检查。

3 管道系统安装完毕后，应按设计要求进行水压试验；水压试验应符合本标准附录F中的相关规定。

检验方法：旁站检查，核查水压试验记录。

检查数量：全数检查。

4 管道系统安装完毕后，应进行管道冲洗，冲洗可结合水压试验进行。水压合格后再循环运行2 h以上，且在水质正常后才可与机组连接。

检验方法：旁站检查，检查管道冲洗记录。

检查数量：全数检查。

6.3.7 换热系统各环路流量应平衡，且应满足设计要求。

检验方法：观察检查，核查施工安装记录。

检查数量：全数检查。

Ⅱ 一般项目

6.3.8 管材、管件等材料的包装应完整无破损，表面应无损伤与划痕。

检验方法：观察检查。

检查数量：每批次随机抽查10%，但不少于10件；少于10件的，全数检查。

6.3.9 管道的连接方法应符合设计要求和现行国家有关标准、产品使用说明书的规定。

检验方法:观察检查,尺量,按设计图纸、产品使用说明书核对。

检查数量:随机抽查10%,且不少于10件;少于10件的,全数检查。

6.3.10 阀门井施工质量应符合设计要求和现行国家有关标准的规定。

检验方法:观察检查,核查阀门井验收记录。

检查数量:全数检查。

6.3.11 供、回水管进入地表水源处应设明显标志。

检验方法:观察检查。

检查数量:全数检查。

6.4 地下水换热系统验收

Ⅰ 主控项目

6.4.1 水源井应单独进行验收,且应符合设计要求和现行国家标准《管井技术规范》GB 50296、现行行业标准《供水水文地质钻探与管井施工操作规程》CJJ/T 13的规定。

检验方法:核查每个水源井验收记录。

检查数量:全数检查。

6.4.2 抽水井和回灌井持续出水量和回灌量应稳定,并应满足设计要求。持续出水量和回灌量应符合本标准第4.4.5条的规定。

检验方法:旁站观察,核查抽水试验、回灌试验记录。

检查数量:全数检查。

6.4.3 抽水试验结束前应采集水样,进行水质和含砂量测定。水质应符合现行国家标准《蒸气压缩循环冷水(热泵)机组 第1部分:工业或商业用及类似用途的冷水(热泵)机组》GB/T 18430.1的要求;含砂量的体积比应小于1/200 000。

检验方法:核查水质和含砂量检测报告,按系统设备的使用说明书核对。

检查数量:每个水源井测定水质和含砂量1组。

6.4.4 抽水井与回灌井间排气装置的设置应符合设计要求。

检验方法:旁站观察,核查施工安装记录。

检查数量:全数检查。

Ⅱ 一般项目

6.4.5 输水管网安装应符合设计要求及现行国家标准《给水排水管道工程施工及验收规范》GB 50268的规定。

检验方法:核查输水管网验收记录。

检查数量:全数检查。

6.4.6 抽水管和回灌管上水样采集口及监测口的设置应符合设计文件要求。

检验方法:观察,核查施工安装记录,按设计图纸核对。

检查数量:全数检查。

6.4.7 水源井井口处的检查井的施工质量应符合设计要求和国家现行相关标准的规定。

检验方法:观察检查,核查检查井的施工记录。

检查数量:全数检查。

6.5 热泵机房系统验收

Ⅰ 主控项目

6.5.1 热泵机组、附属设备、阀门、仪表、水泵、管材、管件及绝热材料等产品的型号、规格、性能及技术参数应符合设计要求和国家现行相关标准的规定。

检验方法:观察,尺量检查,核查产品合格证、产品性能检测报告及产品说明书等质量证明文件。

检查数量:全数核查。

6.5.2 热泵机组、附属设备的安装质量应符合下列规定:

1 设备安装位置、标高应符合设计要求。

2 减震垫、减震器安装位置正确。

检验方法:观察,量测检查。

检查数量:全数检查。

6.5.3 管道的安装质量应符合下列规定:

1 管道连接方式应符合设计要求。

2 管道支、吊架及其与管道之间的绝热衬垫设置应符合设计要求和国家现行相关标准的规定。

3 管道绝热层应采用不燃或难燃材料,其施工应符合设计要求和国家现行相关标准的规定。

检验方法:观察,尺量检查,按设计图纸核对。

检查数量:按数量抽检 10%,且不少于 10 件(处);少于 10 件(处)的,全数检查。

6.5.4 阀门、仪表的安装质量,应符合下列规定:

1 规格、数量应符合设计要求。

2 方向应正确,位置应便于操作和观察。

检验方法:观察检查,按设计图纸核对,核查试验记录。

检查数量:全数检查。

6.5.5 水泵的安装质量应符合下列要求:

1 规格、数量应符合设计要求。

2 管道连接应正确。

检验方法:观察检查。

检查数量:全数检查。

6.5.6 机房内的设备基础施工质量应符合设计要求和国家现行相关标准的规定。

检验方法：观察，尺量检查，按设计图纸核对。

检查数量：全数检查。

Ⅱ 一般项目

6.5.7 热泵机组、附属设备、管道及其配件的绝热，不得影响其操作功能。

检验方法：观察检查。

检查数量：按数量抽检 10%，且不得少于 10 件(处)；少于 10 件(处)的，全数检查。

6.5.8 热泵机组、附属设备、管道、阀门、支吊架防腐防锈处理应满足设计和国家现行相关标准要求。

检验方法：观察检查，按图纸核对。

检查数量：按数量抽检 10%，且不得少于 10 件(处)；少于 10 件(处)的，全数检查。

6.5.9 热泵机组、附属设备及其管道系统的设备间地面排水系统应通畅，满足设计要求和国家现行相关标准的规定。

检验方法：观察检查，按图纸核对。

检查数量：全数检查。

6.6 系统调试及试运行

6.6.1 系统调试及试运行用的仪器与仪表，性能应稳定可靠，精度等级和最小分度值应满足测试要求，并应按照国家有关计量法规与检定规程的要求执行。

6.6.2 地源热泵系统调试及试运行应符合下列规定：

1 系统调试及试运行前应制定整体运行与调试方案，并报送专业监理工程师审核批准。

2 热泵机组试运行前应进行水系统及风系统平衡调试，确定系统循环总流量、各分支流量及各末端设备流量均达到设计要求。

3 水力平衡调试完成后，应进行热泵机组的试运行，并填写运行记录，运行数据应达到设备技术要求。

4 热泵机组试运行正常后，应进行连续 24 h 的系统试运行，并填写运行记录。

5 地源热泵系统调试应分冬、夏两季进行，且调试后系统应达到设计要求。调试完成后应编写调试报告及运行操作规程。

6.6.3 系统运行正常后，进行自控系统调试。

6.6.4 地源热泵系统整体验收前，应进行冬、夏两典型季节运行系统性能测试，并对地源热泵系统的实测性能作出评价。

6.7 竣工验收

6.7.1 地源热泵系统工程交付用户前，应进行竣工验收。竣工验收应在分项工程验收合格后进行。其竣工验收程序如下：

1 地源热泵系统完工后，施工单位自行组织有关人员进行检验评定，自评合格后向建设单位提交竣工验收申请报告。

2 建设单位收到工程竣工验收申请报告后，由建设单位组织设计、施工、监理等单位项目负责人联合进行竣工验收。

6.7.2 地源热泵系统工程竣工验收应符合下列规定：

1 分项工程应全部合格。

2 质量控制资料应完整。

3 系统有关安全和功能性检测资料应完整。

4 观感质量验收应符合要求。

6.7.3 地源热泵系统工程竣工验收时，应对其质量控制资料、安全和功能性检验资料进行核查。

6.7.4 观感质量综合检查应包括以下项目：

1 热泵机房系统设备、管道安装位置应正确、牢固，外表平整无损伤，管道连接应无明显缺陷、渗漏。

2 支吊架形式、位置及间距应符合现行国家标准《建筑给水排水及采暖工程施工质量验收规范》GB 50242、《通风与空调工程施工质量验收规范》GB 50243 等要求。

3 设备、管道、支吊架的油漆应附着牢固，漆膜厚度均匀，油漆颜色与标志符合设计要求。

4 绝热层的材料、厚度应符合设计要求；表面平整、无断裂和脱落。

5 热泵机组设备间地面排水系统通畅，不积水。

6 室外检查井位置正确，井盖密封无缺损。

检验方法：观察，尺量检查。

检查数量：管道按每个系统抽查 10%，不少于 10 处；少于 10 处的，全数检查。各类设备、部件、阀门及仪表抽检 10%，且不少于 10 件；少于 10 件的，全数检查。

7 系统运行监测与管理

7.1 一般规定

7.1.1 地源热泵工程运行期应进行机房系统和地热能交换系统动态监测;监测设施应作为地源热泵工程的组成部分列入建设计划,同步设计、施工和验收。

7.1.2 地源热泵系统监测宜配置监测数据自动采集、传输和存储系统。

7.1.3 监测数据应定期进行动态分析。对岩土体的热平衡情况进行分析,计算累计制冷(热)量、设备累计耗功率及地源侧累计换热量等指标。

7.1.4 地源热泵系统运行管理中应制定运行管理制度、操作流程和年度运行策略。

7.2 运行监测

Ⅰ 机房系统监测

7.2.1 机房系统应监测下列参数:

1 地源侧流量。

2 用户侧流量。

3 地源侧供、回水温度。

4 用户侧供、回水温度。

5　热泵机组耗电量。

6　循环水输配系统耗电量。

7.2.2　机房系统监测的计量装置布置应符合下列要求：

1　地源侧总进水管布置 1 个循环水流量传感器。

2　用户侧总进水管布置 1 个循环水流量传感器。

3　地源侧总进水管、总出水管各布置 1 个水温传感器。

4　用户侧总进水管、总出水管各布置 1 个水温传感器。

5　热泵机组配电输入端布置功率传感器或者电能表，数量根据机组实际情况确定。

6　循环水输配系统配电输入端布置功率传感器或者电能表，数量根据输配系统实际情况确定。

7.2.3　机房系统监测的计量装置安装应符合下列要求：

1　水流量传感器安装在水管直管段，距离上游不少于 10 倍管径，下游不少于 5 倍管径，流量传感器安装方向与管内循环水的流向一致。

2　温度传感器置于管道中流速最大处，且逆水流方向斜插或沿管道直线安装。

3　电能表垂直、牢固安装，表中心线倾斜不大于 1°。

7.2.4　机房系统水温度测量误差不应大于±0.2 ℃，水流量测量误差不应大于 2%，输入功率传感器精度不应低于 2.0 级，监测数据采集时间间隔不应大于 10 min。

Ⅱ　地埋管换热系统监测

7.2.5　地埋管换热区宜进行地温和地下水水质监测。

7.2.6　地温监测宜布设监测孔，监测孔应符合下列规定：

1　监测孔能满足长期监测需要。

2　监测孔分别布设在埋管区内部及外部区域。

3　监测孔深度不小于换热孔深度。

4 监测孔数量不少于 3 个，可根据地埋管的布置方式和占地面积确定。

5 监测孔内温度传感器数量不少于 5 个，可根据埋管区岩土层结构确定。

6 温度测量误差不大于±0.2 ℃。

7.2.7 地温监测数据宜采用自动化采集方式，地埋管换热系统运行期数据采集时间间隔不宜大于 1 h，非运行期数据采集时间间隔不宜大于 24 h。

7.2.8 地下水质动态监测应满足下列要求：

1 地下水质监测孔深度应根据实际监测场换热孔深度范围内含水层分布情况确定。

2 水质检测指标包括电导率、pH 值、溶解氧、浊度、高锰酸盐指数、总磷及氨氮。

3 系统夏季、冬季运行前和运行期末分别取样检测，当指标出现异常时，加密取样检测。

Ⅲ 地表水换热系统监测

7.2.9 开式地表水地源热泵系统地表水体水温的监测宜符合下列要求：

1 对于静止水体，监测退水口 30 m 范围内水温。

2 对于非感潮流动水体，监测退水口下游 50 m 范围内水温；对于感潮流动水体，监测退水口上、下游 50 m 范围内水温。

7.2.10 闭式地表水地源热泵系统换热区水温监测应满足下列要求：

1 水温监测应不少于 1 个监测断面，监测断面垂直于换热器延伸方向设置，每个断面测温点数量宜不少于 3 个。

2 测温点的位置根据水源水文条件、换热器形状和尺寸确定，测温点位置固定。

7.2.11 应监测地表水过滤设备、消毒设备进出口水压力，当进出口水压差超限时应及时处理。

7.2.12 应对系统淤积、结垢、堵塞以及室外系统细菌生长等情况进行定期监测。

Ⅳ 地下水换热系统监测

7.2.13 地下水换热系统监测宜包括下列内容：

1 水源井抽取及回灌期间的地下水量、水温、水位。

2 目标含水层水温、水位、水质。

3 换热区地面沉降。

7.2.14 水源井地下水量、水温、水位监测宜采用自动化方式。数据采集间隔时间为 30 min～60 min。

7.2.15 目标含水层水温、水位、水质监测应布设地下水监测井，监测井应符合下列规定：

1 监测井数量应不少于 3 个，根据水源井的位置进行布设，能控制场地地下水位、水温、水质的变化规律。

2 监测井深度根据目标含水层埋深确定。

3 监测井设计及施工应符合现行国家标准《供水水文地质勘察规范》GB 50027和现行上海市工程建设规范《地面沉降监测与防治技术规程》DG/TJ 08—2051 的要求。

7.2.16 目标含水层水温、水位动态监测宜符合下列要求：

1 水温传感器设置在监测井滤水器中间位置。

2 温度测量误差不大于±0.2 ℃，水位测量误差应不大于±1.0 cm。

3 运行期监测数据采集时间间隔为 1 d，非运行期为 10 d～15 d。

7.2.17 地下水质动态监测应符合本标准第 7.2.8 条的规定。

7.2.18 地面沉降监测应符合下列规定：

1 监测范围包括水源井分布区及地下水抽、灌影响区。

2 建立由地面沉降基准点、水准点等监测设施组成的监测网，并布设覆盖监测影响范围的地面沉降水准剖面；必要时，可布设分层标组进行土体分层沉降监测。

3 当影响范围内存在保护建筑时，进行建筑沉降监测。

4 监测间隔时间不少于3个月。

5 监测精度应符合现行国家标准《国家一、二等水准测量规范》GB/T 12897、现行上海市工程建设规范《地面沉降监测与防治技术规程》DG/TJ 08—2051的有关规定。

7.3 运行管理

Ⅰ 机房系统运行管理

7.3.1 机房内设备、管道、部件的防腐保温层应保持良好状态，发现异常应及时修补。

7.3.2 热泵机组运行维护应符合下列规定：

1 热泵机组的主要运行参数值应在设计文件和设备说明书明确规定的范围内。

2 热泵机组的开启台数和顺序应依据负荷情况和年度运行策略进行调节。

3 定期检查热泵机组油过滤器、水过滤器、水流开关的通畅状况，每月应不少于1次，定期更换冷冻油及其他易损部件。

4 热泵机组的冷凝器、蒸发器结垢状况应定期检查和清除处理，每年应不少于1次。

7.3.3 机房系统附属设备运行管理应符合下列规定：

1 地源热泵机房内设备管道的支吊架、管箍、减震装置和各类阀门应定期检查，发现异常应及时修补或更换。

2 水处理设备中的加药装置应保持有效运行，应及时记录加药时间、加药品名和加药数量。

3 换热储热设备的温控装置、安全装置应保持正常工作状态。

Ⅱ 地埋管换热系统运行管理

7.3.4 地埋管换热区运行年度周期内宜保持热平衡，出现异常应对系统运行方案进行调整。

7.3.5 地埋管换热系统部分负荷运行时，应分时分区切换使用地埋管换热器，宜优先切换使用埋管区外围地埋管换热器。

7.3.6 系统运行时，可根据回水温度对地埋管换热器及辅助散热(加热)装置进行切换和启停控制。

Ⅲ 地表水换热系统运行管理

7.3.7 对闭式地表水换热系统的水下换热器，应定期检查其表面污垢情况，及时清洗。

7.3.8 开式地表水换热系统的取水口周围，应定期检查淤积情况和及时清淤；拦污格栅、自动清洗装置及过滤器应定期检查和清洗。

7.3.9 开式地表水换热系统中的机组换热器进行供冷、供热水路切换时，应进行相关管路切换和清洗。

Ⅳ 地下水换热系统运行管理

7.3.10 运行时严格实施地下水换热系统的地下水回灌技术方案，结合水位、水质的监测情况进行必要的调整，确保置换热量或冷量的地下水全部回灌到同一含水层。

7.3.11 水源井回灌期应进行回扬，回扬时间以水清稳定后停止为宜，且大于 30 min。

7.3.12 当水源井的回灌能力与成井初期相比有明显降低时，宜采取洗井等维护措施。

7.3.13 水源井应定期检查井口封闭状况，以及设备和管道的泄露情况，防止地下水污染。

8　地源热泵系统性能测试评价

8.1　一般规定

8.1.1　地源热泵系统工程竣工验收合格、投入正常使用后应每5年进行1次评价。

8.1.2　地源热泵系统工程的评价应优先使用长期监测数据，当监测数据不能满足要求时应进行系统性能测试。

8.1.3　地源热泵系统工程评价完成后，应编制评价报告。

8.2　系统性能测试

8.2.1　地源热泵系统测试参数包括室内外温度及相对湿度、系统地源侧供回水温度及流量、系统用户侧供回水温度及流量、热泵机组及系统其他设备耗电量和输入功率。

8.2.2　地源热泵系统的测试抽样方法应符合下列规定：

1　采用地源热泵提供空调供暖的建筑面积范围内，对于同一厂家同一类型设备，建筑幢数小于等于20幢时，抽取1幢检测；大于20幢时，抽取2幢检测。

2　低层联体住宅采用共同地埋管的分户式地源热泵系统时，视作1幢。建筑幢数小于等于20幢时，抽取1幢检测；大于20幢时，抽取2幢检测。

3　若低层联体住宅、中高层建筑共用同一地源热泵系统，至少各抽取1幢检测。

8.2.3　地源热泵系统性能测试仪器应在标定有效期内使用，仪器精度、测量范围和最小分度值应满足测试要求。

8.2.4 地源热泵系统性能检测应在典型制冷和制热季进行。热泵机组制冷、制热性能系数的测定工况应接近机组的额定工况，机组的负荷率宜达到机组额定值的80%以上；系统能效比的测定工况应接近系统设计工况，系统的负荷率宜达到设计值的60%以上。

8.2.5 夏季测试时室外气温应不低于30 ℃，冬季应不高于16 ℃。室内热舒适参数检测(室内温度和相对湿度)应达到设计要求。

8.2.6 地源热泵系统的水流量测试对象应为用户侧水流量和地源侧水流量。水流量检测应符合以下要求：

1 测点上游直管长度不少于10倍管径、下游直管长度不少于5倍管径。

2 利用系统已有的流量计时，应校验其性能；利用移动式超声波流量计进行检测时，应进行数据修正。

8.2.7 地源热泵系统的水温测试对象为用户侧供/回水温度、地源侧供/回水温度。水温检测应符合下列要求：

1 利用系统已有的测温仪表时，应校验其性能。

2 当被检测系统无安放温度计位置时，可利用热电偶温度计直接测量供回水管外壁面的温度。

8.2.8 输入功率可用功率表直接测得，或用电流电压检测值计算获得；耗电量可用电能表直接测得，或用功率表和累计时间计算获得。

8.2.9 测试时间应符合下列规定：

1 测试时间至少为有完整运行参数记录的一个运行周期。对于居住建筑和公共建筑宜连续检测2 d～3 d，至少连续检测24 h。

2 检测基本参数和时间间隔要求见表8.2.9。

表 8.2.9 基本参数检测时间间隔表

测试参数	时间间隔	备注
定频水泵输入功率、定频系统水流量、其他定频设备输入功率	测试1次并记录运行时间	若测试期间设备一直在运行，则可选取测试期间的3次读数，取其平均值
变频水泵输入功率、变频系统水流量、其他变频设备输入功率	≤15 min	—
供/回水温度、机组输入功率	≤15 min	—
机组耗电量、水泵耗电量	累计记录	起止时间记录
辅助热源耗电量	累计记录	起止时间记录

8.3 系统性能评价

8.3.1 地源热泵系统性能评价可根据实际工程需要确定，应包括下列内容：

1 热泵机组制热性能系数 COP、制冷性能系数 EER。

2 热泵系统的系统制热能效比 COP_{SH}、热泵系统的系统制冷能效比 EER_{SL}。

8.3.2 评价方法应符合现行上海市建设工程规范《可再生能源建筑应用测试评价标准》DG/TJ 08—2162 的规定。

8.3.3 评价工作完成后应形成评价报告，评价报告应包括下列内容：

1 测试与评价方案。

2 各项评价指标的评价结果。

3 性能合格判定结果。

4 性能分级评价结果。

附录A 岩土热响应试验

A.1 一般规定

A.1.1 热响应试验应在岩土温度恢复后进行。

A.1.2 热响应测试孔的埋管方式、深度和回填方式应与设计方案一致。回填料的导热系数应不低于钻孔周围岩土平均导热系数。

A.1.3 测试现场应具备稳定电源等可靠的试验条件,对测试设备进行外部连接时,应遵循先接水后接电的原则。

A.1.4 测试设备与测试孔距离不宜大于 3 m,测试仪器管路与地埋管测试孔的连接管道应采取保温措施,保温材料宜采用致密闭孔橡塑保温材料,且厚度应不小于 20 mm。

A.1.5 岩土热响应试验过程应依据国家和地方有关安全、防火、环境保护方面的规定执行。

A.2 试验方法及技术要求

A.2.1 岩土热响应试验应遵循以下步骤:

1 制作测试孔。

2 平整试验场地,提供水电驳接点。

3 测试岩土原始温度。

4 测试仪器与测试孔内埋管连接。

5 水电等外部设备连接完毕后,对测试设备及外围设备的连接进行检查。

6 对测试孔内地埋管换热器进行清洗、排气。

7 启动测试设备,运转稳定后开始读取记录试验数据。

8 试验结束后,做好测试孔的保护工作。

A.2.2 岩土热响应试验应符合以下要求:

1 试验期间,加热功率应保持恒定。

2 地埋管换热器内流体流速设置应保证流体处于紊流状态,并宜与方案设计流速保持一致。

3 岩土热响应试验采集参数应包括循环水流量、加热功率、埋管进出口水温,数据采集的时间间隔不大于5 min。

4 岩土热响应试验应连续不间断,持续时间不宜少于48 h。

5 地埋管换热器的出口温度稳定后,其温度宜与岩土原始平均温度相差5 ℃以上且维持时间不应少于12 h,放热试验时出口温度不宜高于33 ℃。

A.2.3 热响应试验前应尽量减少对测试孔原始地温的影响,重新进行热响应试验时应待岩土温度恢复后进行。

A.3 测试精度要求

A.3.1 温度测量的允许误差为±0.2 ℃。

A.3.2 流量测量的允许误差为±1%。

A.3.3 功率测量的允许误差为±1%。

A.3.4 埋管深度测量的允许误差为±0.5%。

A.4 试验数据处理

A.4.1 试验结束后,应提取试验数据进行相关参数计算。

A.4.2 岩土热响应试验计算参数包括:岩土综合导热系数、体积比热容等。

A.4.3 岩土综合导热系数可采用参数估计法或斜率法计算。斜率法计算公式为

$$\lambda_s = \frac{Q}{4\pi \cdot k \cdot H} \tag{A.4.3}$$

式中：λ_s——岩土综合导热系数[W/(m·K)]；

Q——地埋管换热器实际加热功率(W)；

k——地埋管进出水平均温度与时间对数关系的线性拟合直线的斜率；

H——钻孔埋管深度(m)。

附录B　平面热源法测定岩土热物性参数

B.1　一般规定

B.1.1　测定岩土的热物理性能指标包括导热系数、导温系数(热扩散系数)和比热容。

B.1.2　适用于岩石和松散的砂土、粉土、粉质黏土、黏土,碎石土不适用。

B.2　仪器设备

B.2.1　天平:称量 200 g,最小分度值 0.001 g;称量 500 g,最小分度值 0.1 g。

B.2.2　热常数分析仪:由测试装置主机、导热探头、比热探头、室温样品架和计算机组成。

B.2.3　环刀:内径 61.8 mm,高 20 mm。

B.2.4　其他:削土刀、钢丝锯、岩石切割机、打磨机、滤纸和饱和器。

B.3　试样制作

B.3.1　导热系数试样制备:样品水平尺寸应大于探头水平尺寸的2倍,厚度大于探头的半径。根据探头尺寸,切取两块物理性能尽量一致的样品,样品切面必须平整、光滑。称重并计算其密度。

B.3.2　比热容试样制备:选择一块合适大小的样品,样品尺寸可以不一,但应能放入比热容探头样品容器内,使容器盖顶能够滑入其原始位置，并确保容器与样品之间良好的热接触。样品底部应平整，以确保样品的温升紧随样品容器的变化。测得样品的质量和体积，并做记录。

B.3.3 样品应保持物理性能不变的条件下在试验室内静定至少24 h，消除土样内部温度梯度，并使其温度与室温一致。

B.4 测试步骤

B.4.1 导热系数测试

1 测试方法：瞬态平面热源法。

2 启动计算机和热常数分析仪测试装置的电源开关。

3 先启动计算机，30 s后启动热常数分析仪，热常数分析仪的测试装置应预热至少 30 min。

4 将探头固定在室温样品架上，将两块样品分别放置于探头两边，然后用样品夹具固定，使探头与样品之间平整贴合，使探头产生的所有热量均为样品所吸收。

5 打开热常数分析仪软件导热系数测试模块，输入样品编号、选定探头类型、型号、热阻系数、样品厚度、起始温度、测试功率和测试时间。

6 测试开始，仪器内置电桥先进行自动平衡，记录 40 s 温漂，然后开始测试样品；样品测试结束后，软件界面显示“瞬态温升图”和“温度漂移图”，当样品与探头具有一致的初始温度及样品内部温度均匀时，表明测试过程有效。

7 原始数据拟合计算：去掉探头的瞬态温度记录初始阶段离散的数据点，至少使用 100 个数据点；去掉接触热阻；选择时间校正（测试记录时间与仪器，输出功率时间的校正）、探头自身的热吸收补偿、单面测试补偿（如进行的是单一样品测试）。

8 结果分析：“总体温度升高”数值在 1.5 K～5 K 之间，“特征时间”数值在 0.3～1 之间，表示可以使用，此次测试成功；当“总体温度升高”“特征时间” 数值为不可接受时，需调整测试时间或选择半径合适的探头重新进行测试。

9 如需重新测试，应等待至少 30 min 的稳定时间，消除样品内部较大的温度梯度。

10 测试结束，保存数据，用软布清洁探头，关闭电源。

11 数据有效性确认

1）批量试验前后，应对厂商提供的不锈钢块或者标准物质进行测试，与标称结果进行比对。

2）当导热系数比对误差小于 3%，导温系数（热扩散系数）比对误差小于 5%，比热容比对误差小于 7%时，确认试验数据有效。

12 测试精度要求

1）在室温或接近室温条件下，导热系数的测试误差为 2%～5%，比热容的测试误差为 5%～10%，导温系数（热扩散系数）的测试误差为 7%～11%。

2）如果在相同温度下使用同一探头和仪器进行重复试验，各次试验导热系数和导温系数（热扩散系数）结果偏差不大于 2%。

B.4.2 比热容测试

1 测试方法：差式量值法（差示量热法）。

2 启动计算机和热常数分析仪测试装置的电源开关。

3 先启动计算机，30 s 后启动热常数分析仪，热常数分析仪的测试装置应预热至少 60 min。

4 打开热常数分析仪软件，选择比热容测试模块，首先进行比热容探头（含样品容器）参照试验：将比热探头固定在室温样品架上，将比热容探头的样品容器放置于上下两块隔热保护板之间，然后用样品夹具固定。

5 设定参照试验参数：输入样品名称、环境温度、测试功率（0.02 W～0.05 W）和测试时间 40 s～160 s。

6 试验开始，仪器对内置电桥进行自动平衡，然后记录 40 s 基线温漂，最后开始检测样品。

7 试验结束后，软件界面出现“瞬态温升图”和“温度漂移图”，检查“温度漂移图”是否呈水平散点分布，检查数据是否呈一直线，随后保存数据。

8 取走样品容器上部的绝热板，使用镊子取下样品容器架上的顶盖，以便让样品容器的温度尽快恢复至室温。

9 样品的测试：使用镊子将样品放入比热容探头的样品容器内部，盖好顶盖；样品底部应与样品容器底面充分平整的接触；将比热容探头的样品容器放置于上下两块隔热板之间，然后用样品夹具固定，固定好后等待至少 30 min，使样品容器本身、内置样品与隔热板之间温度一致。

10 在软件中选择“样品容器＋样品比热”测试，设定试验参数：输入样品名称，导入比热容探头（含样品容器）的参照试验数据。

11 输入样品质量、样品密度或样品体积（三者中任意输入两种即可）、测试功率（略高于样品架的试验设定，以期加入样品后的总体温升与参照试验的总体温升一致），随后开始试验。

12 仪器对内置电桥进行自动平衡，然后记录 40 s 基线（温漂），最后开始检测样品。试验结束后，软件界面出现“瞬态温升图”和“温度漂移图”，检查“温度漂移图”是否呈水平散点分布。

13 数据处理：对探头的瞬态温度变化记录点进行取舍，选取 100 点到 200 点进行计算，根据输入的样品体积或质量，可分别得到样品的体积比热或质量比热。

14 对于多次不同样品和样品架容器测量，可以使用同一参照实验。每一个新的工作日都更新参照实验。

15 测试结束，用软布清洁探头和仪器，关闭电源。

16 探头有效性的确认：

1）采用与导热系数数据有效性确认一致的实验方法，即对厂商提供的黄铜块或者标准物质进行测试，与标称结果进行比对。

2）当比热容误差小于7%时，确认试验数据有效。

17 测试精度要求

在室温或接近室温条件下，比热容测试精度误差为2%～5%，其中样品质量或体积误差所占比较大，要求称量样品质量时应精确到1 mg，体积测量应精确到0.1 mm^3。

B.5 成果整理

B.5.1 导热系数

$$\lambda = \frac{P_0 \cdot D(\tau)}{\Delta T_s(\tau) \cdot \pi^{3/2} \cdot r} \tag{B.5.1-1}$$

式中：λ——样品导热系数[W/(m·K)]；

$\Delta T_s(\tau)$——测试过程中样品表面温度增值随τ变化的函数(K)；

P_0——探头的输出功率(W)；

r——双螺旋结构最外层半径(mm)；

$D(\tau)$——无量纲的特征时间函数。

τ应按公式(B.5.1-2)计算：

$$\tau = \sqrt{\frac{t - t_c}{r^2/\alpha}} \tag{B.5.1-2}$$

式中：t——测试时刻(s)；

t_c——校正时间(s)；

α——样品的导温系数(热扩散系数)(mm^2/s)。

$D(\tau)$应按公式(B.5.1-3)计算：

$$D(\tau)=[n(n+1)]^{-2}\int_0^{\tau}\sigma^{-2}\left\{\sum_{l=1}^{n}l\sum_{k=1}^{n}k\exp\left[\frac{-(l^2+k^2)}{4n^2\sigma^2}\right]J_0\left[\frac{lk}{2n^2\sigma^2}\right]\right\}\mathrm{d}\sigma \quad (B.5.1-3)$$

式中：n——双螺旋结构的总环数；

σ——无量纲的特征时间函数的积分变量；

k——探头表面温升变量；

l——探头热电阻丝长度变量；

J_0——零阶修正贝塞尔函数。

B.5.2 导温系数

$$\tau=\sqrt{(t-t_c)/\theta} \quad (B.5.2-1)$$

$$\theta=r^2/\alpha \quad (B.5.2-2)$$

式中：θ——无量纲的特征时间。

B.5.3 比热容

$$(C_p)_{sample}=\left(\frac{\bar{p}_2}{\delta_2}-\frac{\bar{p}_1}{\delta_1}\right)\cdot\frac{1}{m_{sample}} \quad (B.5.3-1)$$

式中：$(C_p)_{sample}$——样品的质量比热容[J/(g·K)]；

m_{sampie}——样品质量(mg)；

$\bar{p}_1$——未放置样品状态下系统通过传感器输入的平均功率(mW)；

$\bar{p}_2$——放置样品状态下系统通过传感器输入的平均功率(mW)；

δ_1——未放置样品状态下探头表面平均温度对时间的导数；

δ_2——放置样品状态下探头表面平均温度对时间的导数。

未放置样品状态下系统通过传感器输入的功率应按公式(B.5.3-2)计算：

$$p_1(t)=(mc_p)_{holder}\,\delta_1(t)+|Q_1(t)| \quad (B.5.3-2)$$

放置样品状态下系统通过传感器输入的功率应按公式(B.5.3-3)计算：

$$p_2(t)=\{(mc_p)_{holder}+(mc_p)_{sample}\}\delta_2(t)+|Q_2(t)| \quad (B.5.3-3)$$

$$|Q(t)|=f(t+\Delta t_{corr})\,(\overline{\frac{dT}{dt}}) \quad (B.5.3-4)$$

$$\delta(t)=(\overline{\frac{dT}{dt}}) \quad (B.5.3-5)$$

式中：t——时间(s)；

T——容器(或和样品)的温度(K)；

$|Q(t)|$——因外部环境造成的热损耗(J)；

Δt_{corr}——测试时间差(s)；

$(mC_p)_{hoider}$——探头(容器)热容量(J)；

$(mC_p)_{sample}$——样品热容量(J)；

$f(t+\Delta t_{corr})$——测试过程中外部环境热损耗随时间变化的函数。

附录C 常用塑料管材及其规格

C.0.1 聚乙烯(PE)管外径及公称壁厚应符合表C.0.1的规定。

表C.0.1 聚乙烯(PE)管外径及公称壁厚(mm)

公称外径	平均外径		公称壁厚/材料等级		
			公称压力		
	最小	最大	1.0 MPa	1.25 MPa	1.6 MPa
20	20.0	20.3	—	—	—
25	25.0	25.3	—	2.3+0.5/PE80	—
32	32.0	32.3	—	3.0+0.5/PE80	3.0+0.5/PE100
40	40.0	40.4	—	3.7+0.6/PE80	3.7+0.6/PE100
50	50.0	50.5	—	4.6+0.7/PE80	4.6+0.7/PE100
63	63.0	63.6	4.7+0.8/ PE80	4.7+0.8/ PE100	5.8+0.9/PE100
75	75.0	75.7	4.5+0.7/ PE100	5.6+0.9/PE100	6.8+1.1/PE100
90	90.0	90.9	5.4+0.9/ PE100	6.7+1.1/PE100	8.2+1.3/PE100
110	110.0	111.0	6.6+1.1/ PE100	8.1+1.3/PE100	10.0+1.5/PE100
125	125.0	126.2	7.4+1.2/ PE100	9.2+1.4/PE100	11.4+1.8/PE100
140	140.0	141.3	8.3+1.3/ PE100	10.3+1.6/PE100	12.7+2.0/PE100
160	160.0	161.5	9.5+1.5/ PE100	11.8+1.8/PE100	14.6+2.2/PE100
180	180.0	181.7	10.7+1.7/PE100	13.3+2.0/PE100	16.4+3.2/PE100
200	200.0	201.8	11.9+1.8/PE100	14.7+2.3/PE100	18.2+3.6/PE100
225	225.0	227.1	13.4+2.1/PE100	16.6+3.3/PE100	20.5+4.0/PE100
250	250.0	252.3	14.8+2.3/PE100	18.4+3.6/PE100	22.7+4.5/PE100
280	280.0	282.6	16.6+3.3/PE100	20.6+4.1/PE100	25.4+5.0/PE100
315	315.0	317.9	18.7+3.7/PE100	23.2+4.6/PE100	28.6+5.7/PE100
355	355.0	358.2	21.1+4.2/PE100	26.1+5.2/PE100	32.2+6.4/PE100
400	400.0	403.6	23.7+4.7/PE100	29.4+5.8/PE100	36.3+7.2/PE100

C.0.2 聚丁烯(PB)管外径及公称壁厚应符合表C.0.2的规定。

表C.0.2 聚丁烯(PB)管外径及公称壁厚(mm)

公称外径 *DN*	平均外径		公称壁厚
	最小	最大	
20	20.0	20.3	1.9+0.3
25	25.0	25.3	2.3+0.4
32	32.0	32.3	2.9+0.4
40	40.0	40.4	3.7+0.5
50	49.9	50.5	4.6+0.6
63	63.0	63.6	5.8+0.7
75	75.0	75.7	6.8+0.8
90	90.0	90.9	8.2+1.0
110	110.0	111.0	10.0+1.1
125	125.0	126.2	11.4+1.3
140	140.0	141.3	12.7+1.4
160	160.0	161.5	14.6+1.6

附录 D　竖直地埋管换热器设计计算

D.0.1　竖直地埋管换热器的热阻计算宜符合下列要求：

1　传热介质与 U 型管内壁的对流换热热阻可按下式计算：

$$R_{\mathrm{f}}=\frac{1}{\pi d_i h} \tag{D.0.1-1}$$

式中：R_{f}——传热介质与 U 型管内壁的对流换热热阻[(m·K)/W]；

d_i——U 型管的内径(m)；

h——传热介质与 U 型管内壁的对流换热系数[W/(m²·K)]。

2　U 型管的管壁热阻可按下式计算：

$$R_{\mathrm{pe}}=\frac{1}{2\pi k_{\mathrm{p}}}\ln\left[\frac{d_{\mathrm{e}}}{d_{\mathrm{e}}-(d_{\mathrm{o}}-d_i)}\right] \tag{D.0.1-2}$$

$$d_{\mathrm{e}}=\sqrt{n}d_0 \tag{D.0.1-3}$$

式中：R_{pe}——U 型管的管壁热阻[(m·K)/W]；

k_{p}——U 型管导热系数[W/(m·K)]；

d_{o}——U 型管的外径(m)；

d_{e}——U 型管的当量直径(m)；对单 U 型管，$n=2$；对双 U 型管，$n=4$。

3　钻孔回填料的热阻可按下式计算：

$$R_{\mathrm{b}}=\frac{1}{2\pi k_{\mathrm{b}}}\ln\left(\frac{d_{\mathrm{b}}}{d_{\mathrm{e}}}\right) \tag{D.0.1-4}$$

式中：R_{b}——钻孔回填料的热阻[(m·K)/W]；

k_{b}——回填料导热系数[W/(m·K)]；

d_{b}——钻孔的直径(m)。

4 地层热阻，即从孔壁到无穷远处的热阻可按下式计算：

对于单个钻孔

$$R_{s}=\frac{1}{2\pi k_{s}}I\left(\frac{r_{b}}{2\sqrt{a\tau}}\right) \tag{D.0.1-5}$$

$$I(u)=\frac{1}{2}\int_{u}^{\infty}\frac{e^{-s}}{s}ds \tag{D.0.1-6}$$

对于多个钻孔

$$R_{s}=\frac{1}{2\pi k_{s}}\left[I\left(\frac{r_{b}}{2\sqrt{\alpha\tau}}\right)+\sum_{i=2}^{N}I\left(\frac{x_{i}}{2\sqrt{\alpha\tau}}\right)\right] \tag{D.0.1-7}$$

式中：R_s——地层热阻[(m·K)/W]；

I——指数积分公式，可按公式 C.0.1-6 计算；

k_s——岩土体的平均导热系数[W/(m·K)]；

α——岩土体的热扩散率(m^2/s)；

r_b——钻孔的半径(m)；

τ——运行时间(s)；

x_i——第 i 个钻孔与所计算钻孔之间的距离(m)。

5 短期连续脉冲负荷引起的附加热阻可按下式计算：

$$R_{sp}=\frac{1}{2\pi k_{s}}I\left(\frac{r_{b}}{2\sqrt{a\tau_{p}}}\right) \tag{D.0.1-8}$$

式中：R_{sp}——短期连续脉冲负荷引起的附加热阻[(m·K)/W]；

τ_p——短期脉冲负荷连续运行的时间，如 8 h。

D.0.2 竖直地埋管换热器钻孔的长度计算宜符合下列要求：

1 制冷工况下，竖直地埋管换热器钻孔的长度可按下式计算：

$$L_{c}=\frac{1\,000Q_{c}[R_{f}+R_{pe}+R_{b}+R_{s}\times F_{c}+R_{sp}\times(1-F_{c})]}{(t_{max}-t_{\infty})}\left(\frac{EER+1}{EER}\right) \tag{D.0.2-1}$$

$$F_c = T_{c1} / T_{c2} \quad \text{(D.0.2-2)}$$

式中：L_c——制冷工况下，竖直地埋管换热器所需钻孔的总长度(m)；

Q_c——热泵机组的额定冷负荷(kW)；

EER——热泵机组的制冷性能系数；

t_{max}——制冷工况下，地埋管换热器中传热介质的设计平均温度，通常取 37 ℃；

t_∞——埋管区域岩土体的初始温度(℃)；

F_c——制冷运行份额；

T_{c1}——一个制冷季中热泵机组的运行小时数，当运行时间取1个月时，T_{c1}为最热月份热泵机组的运行小时数；

T_{c2}——一个制冷季中的小时数，当运行时间取 1 个月时，T_{c2}为最热月份的小时数。

2 供热工况下，竖直地埋管换热器钻孔的长度可按下式计算：

$$L_h = \frac{1\,000 Q_h [R_f + R_{pe} + R_b + R_s \times F_h + R_{sp} \times (1 - F_h)]}{(t_\infty - t_{min})} \left(\frac{COP - 1}{COP} \right) \quad \text{(D.0.2-3)}$$

$$F_h = T_{h1} / T_{h2} \quad \text{(D.0.2-4)}$$

式中：L_h——供热工况下，竖直地埋管换热器所需钻孔的总长度(m)；

Q_h——热泵机组的额定热负荷(kW)；

COP——热泵机组的供热性能系数；

t_{min}——供热工况下，地埋管换热器中传热介质的设计平均温度，通常取−2 ℃～5 ℃；

F_h——供热运行份额；

T_{h1}——一个供热季中热泵机组的运行小时数；当运行时间取1个月时，T_{h1}为最冷月份热泵机组的运行小时数；

T_{h2}——一个供热季中的小时数；当运行时间取 1 个月时，T_{h2}为最冷月份的小时数。

附录 E　管道阻力损失计算

E.0.1　确定管内流体的流量、公称直径和流体特性。

E.0.2　根据公称直径，确定地埋管的内径。

E.0.3　计算地埋管的断面面积 A 按下式计算：

$$A=\frac{\pi}{4}\times d_{j}^{2} \tag{E.0.3}$$

式中：A——地埋管的断面面积（m^2）；

d_j——地埋管的内径（m）。

E.0.4　计算管内流体的流速 V：

$$V=\frac{G}{3\ 600\times A} \tag{E.0.4}$$

式中：V——管内流体的流速（m/s）；

G——管内流体的流量（m^3/h）。

E.0.5　计算管内流体的雷诺数 Re，Re 应该大于 2 300 以确保紊流：

$$Re=\frac{\rho V d_{j}}{\mu} \tag{E.0.5}$$

式中：Re——管内流体的雷诺数；

ρ——管内流体的密度（kg/m^3）；

μ——管内流体的动力黏度（$N\cdot s/m^2$），水及乙二醇溶液参见表 E.0.5。

E.0.6　计算管段的沿程阻力 P_y

$$P_{d}=0.158\times\rho^{0.75}\times\mu^{0.25}\times d_{j}^{-1.25}\times V^{1.75} \tag{E.0.6-1}$$

$$P_{y}=P_{d}\times L \tag{E.0.6-2}$$

式中：P_y——计算管段的沿程阻力(Pa)；

P_d——计算管段单位管长的沿程阻力(Pa/m)；

L——计算管段的长度(m)。

E.0.7 计算管段的局部阻力 P_j

$$P_j = P_d \times L_j \tag{E.0.7}$$

式中：P_j——计算管段的局部阻力(Pa)；

L_j——计算管段管件的当量长度(m)。

管件的当量长度可按表 E.0.6 计算。

表 E.0.5 水及乙二醇溶液的动力黏度 (N·s/m^2)

溶液温度(℃)	水	乙二醇溶液容积百分比浓度(%)			
		10	20	30	40
−5	—	—	3.65	5.03	7.18
0	0.001790	2.08	3.02	4.15	5.83
5		1.79	2.54	3.48	4.82
10	0.001304	1.56	2.18	2.95	4.04
15		1.37	1.89	2.53	3.44
20	0.001000	1.21	1.65	2.20	2.96
25		1.08	1.46	1.92	2.57
30	0.000801	0.97	1.30	1.69	2.26
35		0.88	1.17	1.50	1.99

表 E.0.6 管件当量长度

名义管径		弯头的当量长度(m)				T型三通的当量长度(m)			
		90°标准型	90°长半径型	45°标准型	180°标准型	旁流三通	直流三通	直流三通后缩小1/4	直流三通后缩小1/2
3/8"	DN10	0.4	0.3	0.2	0.7	0.8	0.3	0.4	0.4
1/2"	DN12	0.5	0.3	0.2	0.8	0.9	0.3	0.4	0.5
3/4"	DN20	0.6	0.4	0.3	1.0	1.2	0.4	0.6	0.6

续表E.0.6

名义管径		弯头的当量长度(m)				T型三通的当量长度(m)			
		90°标准型	90°长半径型	45°标准型	180°标准型	旁流三通	直流三通	直流三通后缩小1/4	直流三通后缩小1/2
1"	DN25	0.8	0.5	0.4	1.3	1.5	0.5	0.7	0.8
5/4"	DN32	1.0	0.7	0.5	1.7	2.1	0.7	0.9	1.0
3/2"	DN40	1.2	0.8	0.6	1.9	2.4	0.8	1.1	1.2
2"	DN50	1.5	1.0	0.8	2.5	3.1	1.0	1.4	1.5
5/2"	DN63	1.8	1.3	1.0	3.1	3.7	1.3	1.7	1.8
3"	DN75	2.3	1.5	1.2	3.7	4.6	1.5	2.1	2.3
7/2"	DN90	2.7	1.8	1.4	4.6	5.5	1.8	2.4	2.7
4"	DN110	3.1	2.0	1.6	5.2	6.4	2.0	2.7	3.1
5"	DN125	4.0	2.5	2.0	6.4	7.6	2.5	3.7	4.0
6"	DN160	4.9	3.1	2.4	7.6	9.2	3.1	4.3	4.9
8"	DN200	6.1	4.0	3.1	10.1	12.2	4.0	5.5	6.1

E.0.8 计算管段的总阻力 P_z

$$P_z = P_y + P_j \quad (E.0.8)$$

式中：P_z——计算管段的总阻力(Pa)。

附录F 地源热泵系统水压试验

F.0.1 试验压力：

1 当工作压力小于等于1.0 MPa时，应为工作压力的1.5倍，且不应小于0.6 MPa。

2 当工作压力大于1.0 MPa时，应为工作压力加0.5 MPa。

F.0.2 水压试验宜采用手动泵缓慢升压，升压过程中应随时观察与检查，不得有渗漏；不得以气压试验代替水压试验。

F.0.3 地埋管地源热泵系统水压试验应符合以下要求：

1 竖直地埋管换热器下入钻孔前，做第一次水压试验。在试验压力下，稳压至少15 min，稳压后压力降不应大于3%，且无泄漏现象；将其密封后，在有压状态下插入钻孔，完成灌浆之后保压1 h。

2 竖直与环路集管连接完成后进行第二次水压试验。在试验压力下，稳压至少30 min，稳压后压力降不应大于3%，且无泄漏现象。

3 环路集管与机房分集水器连接完成后，回填前进行第三次水压试验。在试验压力下，稳压至少2 h，且无泄漏现象。

4 地埋管地源热泵系统工程全部安装完毕，且冲洗、排气及回填完成后，进行第四次水压试验。在试验压力下，稳压至少12 h，稳压后压力降不应大于3%。

F.0.4 闭式地表水地源热泵系统水压试验应符合以下要求：

1 换热盘管组装完成后，做第一次水压试验，在试验压力下，稳压至少15 min，稳压后压力降不应大于3%，且无泄漏现象。

2 换热盘管与环路集管装配完成后，进行第二次水压试验，在试验压力下，稳压至少30 min，稳压后压力降不应大于3%，且无泄漏现象。

3 环路集管与机房分集水器连接完成后，进行第三次水压试验，在试验压力下，稳压至少12 h，稳压后压力降不应大于3%。

F.0.5 开式地表水地源热泵系统工程水压试验应符合现行国家标准《通风与空调工程施工质量验收规范》GB 50243的相关规定。

附录G　工程验收记录

表G-1　地埋管换热系统分项工程验收表

编号：

<table>
<tr><td colspan="3">工程名称</td><td></td><td>分项工程名称</td><td colspan="3"></td></tr>
<tr><td colspan="3">施工单位</td><td></td><td>专业工长</td><td></td><td>项目经理</td><td></td></tr>
<tr><td colspan="3">分包单位</td><td></td><td>分包项目经理</td><td></td><td>施工班组长</td><td></td></tr>
<tr><td colspan="3">施工执行标准名称及编号</td><td colspan="5"></td></tr>
<tr><td colspan="4">应用技术规程的规定</td><td colspan="2">施工单位检查评定记录</td><td colspan="2">监理（建设）单位验收记录</td></tr>
<tr><td rowspan="7">主控项目</td><td colspan="2">管材、管件等材料要求</td><td>第6.2.1条</td><td colspan="2"></td><td colspan="2" rowspan="7"></td></tr>
<tr><td colspan="2">地埋管的材质、直径、壁厚及长度要求</td><td>第6.2.2条</td><td colspan="2"></td></tr>
<tr><td colspan="2">垂直和水平埋管的安装位置和深度要求</td><td>第6.2.3条</td><td colspan="2"></td></tr>
<tr><td colspan="2">回填料及其配比要求</td><td>第6.2.4条</td><td colspan="2"></td></tr>
<tr><td colspan="2">管道系统水压试验要求</td><td>第6.2.5条</td><td colspan="2"></td></tr>
<tr><td colspan="2">各环路流量及平衡要求</td><td>第6.2.6条</td><td colspan="2"></td></tr>
<tr><td colspan="2">环路支路的循环介质阻力和换热功率检测要求</td><td>第6.2.7条</td><td colspan="2"></td></tr>
<tr><td rowspan="9">一般项目</td><td colspan="2">管材、管件等材料的外观、包装要求</td><td>第6.2.8条</td><td colspan="2"></td><td colspan="2" rowspan="9"></td></tr>
<tr><td colspan="2">管道的连接方法要求</td><td>第6.2.9条</td><td colspan="2"></td></tr>
<tr><td rowspan="5">允许偏差</td><td>钻孔孔位</td><td rowspan="5">第6.2.10条</td><td colspan="2"></td></tr>
<tr><td>钻孔深度</td><td colspan="2"></td></tr>
<tr><td>钻孔垂直度</td><td colspan="2"></td></tr>
<tr><td>水平埋管管沟位置</td><td colspan="2"></td></tr>
<tr><td>水平埋管管沟标高</td><td colspan="2"></td></tr>
<tr><td colspan="2">地埋管区域标志要求</td><td>第6.2.11条</td><td colspan="2"></td></tr>
<tr><td colspan="2">阀门井施工质量要求</td><td>第6.2.12条</td><td colspan="2"></td></tr>
<tr><td colspan="2">施工单位检查评定结果</td><td colspan="6">项目专业质量检查员：
（项目技术负责人）　　　　年　月　日</td></tr>
<tr><td colspan="2">监理（建设）单位验收结论</td><td colspan="6">监理工程师：
（建设单位项目专业技术负责人）　　　　年　月　日</td></tr>
</table>

表 G-2　地表水换热系统分项工程验收表

编号：

<table>
<tr><td>工程名称</td><td colspan="2"></td><td>分项工程名称</td><td colspan="3"></td></tr>
<tr><td>施工单位</td><td colspan="2"></td><td>专业工长</td><td></td><td>项目经理</td><td></td></tr>
<tr><td>分包单位</td><td colspan="2"></td><td>分包项目经理</td><td></td><td>施工班组长</td><td></td></tr>
<tr><td>施工执行标准名称及编号</td><td colspan="6"></td></tr>
<tr><td colspan="3">应用技术规程的规定</td><td colspan="2">施工单位检查评定记录</td><td colspan="2">监理（建设）单位验收记录</td></tr>
<tr><td rowspan="7">主控项目</td><td>换热系统的管材、管件等材料要求</td><td>第 6.3.1 条</td><td colspan="2"></td><td colspan="2" rowspan="7"></td></tr>
<tr><td>换热系统的管材、管件的直径、壁厚及材质要求</td><td>第 6.3.2 条</td><td colspan="2"></td></tr>
<tr><td>闭式地表水换热系统的衬垫物强度、重量、耐腐蚀性要求</td><td>第 6.3.3 条</td><td colspan="2"></td></tr>
<tr><td>闭式地表水换热系统的防冻剂和防腐剂特性及浓度要求</td><td>第 6.3.4 条</td><td colspan="2"></td></tr>
<tr><td>开式地表水换热系统工程安装质量要求</td><td>第 6.3.5 条</td><td colspan="2"></td></tr>
<tr><td>闭式地表水换热系统工程安装质量要求</td><td>第 6.3.6 条</td><td colspan="2"></td></tr>
<tr><td>换热系统各环路流量要求</td><td>第 6.3.7 条</td><td colspan="2"></td></tr>
<tr><td rowspan="4">一般项目</td><td>管材、管件等材料的外观、包装要求</td><td>第 6.3.8 条</td><td colspan="2"></td><td colspan="2" rowspan="4"></td></tr>
<tr><td>管道的连接方法要求</td><td>第 6.3.9 条</td><td colspan="2"></td></tr>
<tr><td>阀门井施工质量要求</td><td>第 6.3.10 条</td><td colspan="2"></td></tr>
<tr><td>供、回水管进入地表水源处的标志要求</td><td>第 6.3.11 条</td><td colspan="2"></td></tr>
<tr><td colspan="2">施工单位检查评定结果</td><td colspan="5">项目专业质量检查员：
（项目技术负责人）　　　　年　月　日</td></tr>
<tr><td colspan="2">监理（建设）单位验收结论</td><td colspan="5">监理工程师：
（建设单位项目专业技术负责人）　　　　年　月　日</td></tr>
</table>

表G-3 地下水换热系统分项工程验收表

编号：

<table>
<tr><td colspan="2">工程名称</td><td></td><td>分项工程名称</td><td colspan="2"></td></tr>
<tr><td colspan="2">施工单位</td><td></td><td>专业工长</td><td>项目经理</td><td></td></tr>
<tr><td colspan="2">分包单位</td><td></td><td>分包项目经理</td><td>施工班组长</td><td></td></tr>
<tr><td colspan="2">施工执行标准名称及编号</td><td colspan="4"></td></tr>
<tr><td colspan="3">应用技术规程的规定</td><td>施工单位检查评定记录</td><td colspan="2">监理（建设）单位验收记录</td></tr>
<tr><td rowspan="4">主控项目</td><td>水源井应单独进行验收要求</td><td>第6.4.1条</td><td></td><td colspan="2" rowspan="7"></td></tr>
<tr><td>抽水井和回灌井持续出水量和回灌量要求</td><td>第6.4.2条</td><td></td></tr>
<tr><td>抽水试验结束前应采集水样，其水质和含砂量要求</td><td>第6.4.3条</td><td></td></tr>
<tr><td>抽水井与回灌井间排气装置的设置要求</td><td>第6.4.4条</td><td></td></tr>
<tr><td rowspan="3">一般项目</td><td>输水管网安装要求</td><td>第6.4.5条</td><td></td></tr>
<tr><td>抽水管和回灌管上水样采集口及监测口的设置要求</td><td>第6.4.6条</td><td></td></tr>
<tr><td>水源井井口处的检查井施工质量要求</td><td>第6.4.7条</td><td></td></tr>
<tr><td colspan="2">施工单位检查评定结果</td><td colspan="4">项目专业质量检查员：
（项目技术负责人） 年 月 日</td></tr>
<tr><td colspan="2">监理（建设）单位验收结论</td><td colspan="4">监理工程师：
（建设单位项目专业技术负责人） 年 月 日</td></tr>
</table>

表 G-4 热泵机房系统分项工程验收表

编号：

<table>
<tr><td colspan="2">工程名称</td><td></td><td>分项工程名称</td><td colspan="2"></td></tr>
<tr><td colspan="2">施工单位</td><td></td><td>专业工长</td><td>项目经理</td><td></td></tr>
<tr><td colspan="2">分包单位</td><td></td><td>分包项目经理</td><td>施工班组长</td><td></td></tr>
<tr><td colspan="2">施工执行标准名称及编号</td><td colspan="4"></td></tr>
<tr><td colspan="3">应用技术规程的规定</td><td>施工单位检查评定记录</td><td colspan="2">监理(建设)单位验收记录</td></tr>
<tr><td rowspan="6">主控项目</td><td>热泵机组、附属设备、阀门、仪表、水泵、管材、管件及绝热材料等产品的型号、规格、性能及技术参数要求</td><td>第 6.5.1 条</td><td></td><td colspan="2" rowspan="6"></td></tr>
<tr><td>热泵机组、附属设备的安装要求</td><td>第 6.5.2 条</td><td></td></tr>
<tr><td>管道的安装要求</td><td>第 6.5.3 条</td><td></td></tr>
<tr><td>阀门、仪表的安装要求</td><td>第 6.5.4 条</td><td></td></tr>
<tr><td>水泵的安装要求</td><td>第 6.5.5 条</td><td></td></tr>
<tr><td>机房内的设备基础施工质量要求</td><td>第 6.5.6 条</td><td></td></tr>
<tr><td rowspan="3">一般项目</td><td>热泵机组、附属设备、管道及其配件的绝热要求</td><td>第 6.5.7 条</td><td></td><td colspan="2" rowspan="3"></td></tr>
<tr><td>热泵机组、附属设备、管道、阀门、支吊架防腐防锈处理要求</td><td>第 6.5.8 条</td><td></td></tr>
<tr><td>热泵机组、附属设备及其管道系统的设备间地面排水系统要求</td><td>第 6.5.9 条</td><td></td></tr>
<tr><td colspan="2">施工单位检查评定结果</td><td colspan="4">项目专业质量检查员：
(项目技术负责人)　　　　年　月　日</td></tr>
<tr><td colspan="2">监理(建设)单位验收结论</td><td colspan="4">监理工程师：
(建设单位项目专业技术负责人)　　　　年　月　日</td></tr>
</table>

表 G-5　地源热泵系统质量控制资料核查表

编号：

工程名称		施工单位		
建设单位		监理单位		
序号	资料名称	份数	核查意见	核查人
1	图纸会审记录、设计变更单、洽商记录和竣工图			
2	系统主要组成材料、配件、部件和设备的产品合格证、出厂检测报告、产品性能检测报告			
3	隐蔽工程检查验收记录和相关图像资料			
4	施工安装记录			
5	分项工程验收记录			
6	其他			
施工单位检查结论	施工单位项目经理：　　　　年　月　日			
监理（建设）单位验收结论	总监理工程师： （建设单位项目负责人）　　　　年　月　日			

表 G-6　地源热泵系统有关安全和功能性检测资料核查表

编号：

<table>
<tr><td colspan="2">工程名称</td><td></td><td>施工单位</td><td colspan="2"></td></tr>
<tr><td colspan="2">建设单位</td><td></td><td>监理单位</td><td colspan="2"></td></tr>
<tr><td>序号</td><td colspan="2">资料名称</td><td>份数</td><td>核查意见</td><td>核查人</td></tr>
<tr><td>1</td><td colspan="2">水压试验记录</td><td></td><td></td><td></td></tr>
<tr><td>2</td><td colspan="2">地下水换热系统抽水试验、回灌试验记录</td><td></td><td></td><td></td></tr>
<tr><td>3</td><td colspan="2">设备单机调试记录</td><td></td><td></td><td></td></tr>
<tr><td>4</td><td colspan="2">系统调试记录</td><td></td><td></td><td></td></tr>
<tr><td>5</td><td colspan="2">系统试运行记录</td><td></td><td></td><td></td></tr>
<tr><td>6</td><td colspan="2">其他</td><td></td><td></td><td></td></tr>
<tr><td colspan="2">施工单位
检查结论</td><td colspan="4">施工单位项目经理：　　　　年　月　日</td></tr>
<tr><td colspan="2">监理(建设)单位
验收结论</td><td colspan="4">总监理工程师：
(建设单位项目负责人)　　　　年　月　日</td></tr>
</table>

表 G-7 地源热泵系统观感质量验收表

编号：

<table>
<tr><td colspan="2">工程名称</td><td colspan="3"></td><td colspan="3">施工单位</td><td colspan="7"></td></tr>
<tr><td colspan="2">建设单位</td><td colspan="3"></td><td colspan="3">监理单位</td><td colspan="7"></td></tr>
<tr><td rowspan="2">序号</td><td rowspan="2">项目</td><td colspan="10" rowspan="2">抽查质量状况</td><td colspan="3">质量评价</td></tr>
<tr><td>好</td><td>一般</td><td>差</td></tr>
<tr><td>1</td><td>热泵机房系统设备、管道安装</td><td></td><td></td><td></td><td></td><td></td><td></td><td></td><td></td><td></td><td></td><td></td><td></td><td></td></tr>
<tr><td>2</td><td>支吊架形式、位置及间距</td><td></td><td></td><td></td><td></td><td></td><td></td><td></td><td></td><td></td><td></td><td></td><td></td><td></td></tr>
<tr><td>3</td><td>设备、管道、支吊架的防腐</td><td></td><td></td><td></td><td></td><td></td><td></td><td></td><td></td><td></td><td></td><td></td><td></td><td></td></tr>
<tr><td>4</td><td>绝热层的材料、厚度</td><td></td><td></td><td></td><td></td><td></td><td></td><td></td><td></td><td></td><td></td><td></td><td></td><td></td></tr>
<tr><td>5</td><td>热泵机组设备间地面排水系统</td><td></td><td></td><td></td><td></td><td></td><td></td><td></td><td></td><td></td><td></td><td></td><td></td><td></td></tr>
<tr><td>6</td><td>室外检查井</td><td></td><td></td><td></td><td></td><td></td><td></td><td></td><td></td><td></td><td></td><td></td><td></td><td></td></tr>
<tr><td colspan="2">检查结论</td><td colspan="13">施工单位项目经理：　　　　总监理工程师：
年　月　日　　　　（建设单位项目负责人）　　年　月　日</td></tr>
</table>

表 G-8　地源热泵系统竣工验收表

编号：

<table>
<tr><td colspan="2">工程名称</td><td colspan="2"></td><td>系统类型</td><td></td></tr>
<tr><td colspan="2">开工日期</td><td colspan="2"></td><td>竣工日期</td><td></td></tr>
<tr><td colspan="2">施工单位</td><td colspan="2"></td><td>技术负责人</td><td></td></tr>
<tr><td colspan="2">项目经理</td><td colspan="2"></td><td>项目技术负责人</td><td></td></tr>
<tr><td>序号</td><td colspan="2">项目</td><td colspan="2">验收记录</td><td>验收结论</td></tr>
<tr><td>1</td><td colspan="2">分项工程</td><td colspan="2">共　个分项工程，分项工程符合设计和本标准要求　个分项工程</td><td></td></tr>
<tr><td>2</td><td colspan="2">质量控制资料核查</td><td colspan="2">共　项，经核查符合要求　项，经核定符合设计和本标准要求　项</td><td></td></tr>
<tr><td>3</td><td colspan="2">安全与功能性检测资料核查</td><td colspan="2">共　项，经审查符合要求　项，经核定符合设计和本标准要求　项</td><td></td></tr>
<tr><td>4</td><td colspan="2">观感质量验收</td><td colspan="2">共抽查　项，符合要求　项，不符合要求　项</td><td></td></tr>
<tr><td>5</td><td colspan="2">竣工验收结论</td><td colspan="3"></td></tr>
<tr><td rowspan="2">参加验收单位</td><td>建设单位</td><td>勘察单位</td><td>设计单位</td><td>施工单位</td><td>监理单位</td></tr>
<tr><td>（公章）
项目负责人
年　月　日</td><td>（公章）
项目负责人
年　月　日</td><td>（公章）
项目负责人
年　月　日</td><td>（公章）
项目负责人
年　月　日</td><td>（公章）
项目负责人
年　月　日</td></tr>
</table>

本标准用词说明

1 为便于在执行本标准条文时区别对待，对要求严格程度不同的用词说明如下：

1）表示很严格，非这样做不可的用词：

正面词采用“必须”；

反面词采用“严禁”。

2）表示严格，在正常情况均应这样做的用词：

正面词采用“应”；

反面词采用“不应”或“不得”。

3）表示允许稍有选择，在条件许可时首先应这样做的用词：

正面词采用“宜”；

反面词采用“不宜”。

4）表示有选择，在一定条件下可以这样做的用词，采用“可”。

2 条文中指明应按其他有关标准、规范和其他规定执行的写法为：“应按……执行”或“应符合……的要求（或规定）”。

引用标准名录

1 《建筑给水排水设计规范》GB 50015
2 《供水水文地质勘察规范》GB 50027
3 《建筑给水排水及采暖工程施工质量验收规范》GB 50242
4 《通风与空调工程施工质量验收规范》GB 50243
5 《给水排水管道工程施工及验收规范》GB 50268
6 《制冷设备、空气分离设备安装工程施工及验收规范》GB 50274
7 《管井技术规范》GB 50296
8 《蒸气压缩循环冷水(热泵)机组　第1部分:工业或商业用及类似用途的冷水(热泵)机组》GB/T 18430.1
9 《民用建筑供暖通风与空气调节设计规范》GB 50736
10 《国家一、二等水准测量规范》GB/T 12897
11 《供水水文地质钻探与管井施工操作规程》CJJ/T 13
12 《埋地聚乙烯给水管道工程技术规程》CJJ 101
13 《泵站施工规范》SL 234
14 《浅层地热能勘查评价规范》DZT 0225
15 《岩土工程勘察规范》DGJ 08－37
16 《地面沉降监测与防治技术规程》DG/TJ 08—2051
17 《可再生能源建筑应用测试评价标准》DG/TJ 08—2162

上海市工程建设规范

地源热泵系统工程技术标准

DG/TJ 08—2119—2021
J 12325—2021

条 文 说 明

2021 上海

目　次

Contents

1 总　则

1.0.1 地源热泵系统利用浅层地热能进行供热与制冷，具有良好的节能性和环境效益，近几年发展迅速。测试结果表明，本市已建地源热泵系统工程的总体性能指标良好，但部分地源热泵系统工程的能效比较低，反映出地源热泵工程从勘察到运行管理过程中存在的不足。因此，进一步规范地源热泵系统工程，保证地源热泵系统工程质量和运行管理水平，促进浅层地热能开发利用高质量的发展，是本标准制定的宗旨。

1.0.2 本市地源热泵系统工程现状表明主要采用竖直地埋管地源热泵系统，少量采用地下水、地表水地源热泵系统，而地表水源以江水、河流、湖泊水源为主，暂未收集到以海水、城市污水（或中水）为水源的实际应用案例。本标准地埋管地源热泵系统侧重竖直地埋管，地表水侧重江水、河流、湖泊水源。本次修订对原条文作了局部修改，考虑地源热泵系统现状不仅仅在建筑物中应用，目前在设施农业中也有一定的应用量，因此删除原条文中“建筑”；结合本次修订工作中多方面的调研结果，考虑本市有少量的地下水地源热泵系统应用，因此增加了地下水地源热泵系统相关内容。

1.0.3 地质条件直接影响地下换热器的施工安装难易程度和换热量，上海地区虽然 200 m 深度范围内以第四纪松散沉积物为主，但地层结构、水文地质、地温场等地质条件因地域的不同存在一定的差异；冷热用能特性不仅决定地源热泵系统配置，同时对地下换热器换热效率及系统运行也产生影响。上海位于夏热冬冷气候区，夏季制冷时间长于冬季供暖时间，不同建筑表现出不同的冷热特性；地下换热器需要占用一定的地下空间，而地下空间资源是国家战略性资源,因此地下换热器空间位置设计时要结合城市的规划合理选择方案,为今后城市的地下空间工程开发利用留有余地。因此,地源热泵系统工程应依据地质条件、冷热用能特性、地下换热器设置空间和系统经济成本综合考虑。地下水、地表水资源作为维持人类生存、生活和生产的最重要的自然资源、环境资源和经济资源之一,受到国家和地方法律、行政等多手段的管控。

1.0.5 本标准为地源热泵系统工程的专业性地方标准,根据国家和本市工程建设标准编制的有关规定,为简化标准内容,凡其他国家和本市标准、规范已有明确规定的内容,除确有必要外,本标准均不再另设条文。本条文的目的是强调在执行本标准的同时,还应注意贯彻执行相关标准的有关规定。

3　工程勘察

3.1　一般规定

3.1.1　工程勘察的主要目的是查明拟建场地的地质条件，获得岩土热物性参数，为工程设计、施工提供依据。因此，工程勘察是地源热泵系统工程建设的一项重要工作。工程勘察包括工程场地状况调查和浅层地热能资源勘察。工程场地状况及浅层地热能资源条件是合理应用地源热泵系统的基础，方案设计时应根据调查及勘察情况，选择适合的地源热泵系统。

地源热泵系统工程勘察的专业性很强，应由具有相应勘察能力的专业机构承担。

3.1.2　合理制定勘察方案是确保地源热泵系统工程勘察质量的基础，地质、水文地质、地表水水文资料是编制勘察方案的重要依据。

3.2　地埋管换热系统勘察

3.2.1　本条文所列为地埋管地源热泵系统工程的主要勘察内容。除本条文规定外，也可根据工程需要增加勘察内容，如埋管深度内主要含水层中地下水的径流方向、径流速度等。

已有的研究表明，地下水渗流场对地埋管换热器换热能力和换热区地温场分布有较大的影响，表 1 为本市某地埋管地源热泵工程换热区不同渗流速度下热影响范围预测结果。地下水径流方向可通过收集区域资料获得或参照现行国家标准《供水水文地质勘察规范》GB 50027、《供水管技术规范》GB 50296 进行现场测试。

表 1　上海嘉定区某地埋管地源热泵工程换热区不同渗流速度下热影响范围预测结果

地下水流速(m/d)	热量扩散距离(m)			
	1 年	5 年	10 年	30 年
0.0026	17	38	47	68
0.0128	23	52	70	113
0.0256	28	78	106	178

场地现状调查主要包括以下内容：

(1) 场地地形、地貌。

(2) 场地内建筑物分布及其占地面积。

(3) 场地内树木植被、池塘、排水沟分布。

(4) 场地内地下构筑物分布及其埋深，包括地下建筑、给排水管线、电力管线、通信电缆、水井、残存桩基等。

(5) 场地内地下水开采井、回灌井位置和深度等。

(6) 场地内和周边 100 m 范围内已建地源热泵系统工程分布。

地下水开采井、回灌井是指取水段位于承压含水层、深度大于 30 m 的井。勘察宜采用地质钻探、岩土原始温度测试、岩土热响应试验等手段进行。地质钻探主要目的是查明岩土体结构、岩性及空间分布和获取岩土层样品；岩土原始温度测试主要目的是查明岩土层温度场；岩土热响应试验主要目的是获取勘察深度范围岩土层综合热物性参数。

3.2.2 工程勘察的主要目的是查明拟建场地的地质条件，获得岩土热物性参数，为工程设计、施工提供依据。

工程实践中，勘探孔地质钻探时，钻进深度比地埋管设计最大深度深 5 m，方便后续热响应试验孔或测温孔的顺利制作。

上海地区除西部、西南部剥蚀丘陵有基岩隆起出露外，其余地区均由第四系松散沉积物所覆盖。第四系厚度大部分区域介于 200 m～320 m，受基底埋藏深度的控制，西南较薄为 100 m～250 m，向东北增厚至 300 m～400 m。

上海市 150 m 以浅第四纪地层具有以下特征：①以海相和海陆交互相为主；②颗粒较细，以黏性土、粉性土、中细砂为主；③岩性在垂直方向上变化较大，具有成层分布特征。本条文中勘探孔数量要求是依据地源热泵系统工程性质、本地区地层特点和上海地区工程勘察经验确定。

3.2.3 由于拟建工程场地条件的多样性，很难对勘察孔的布置方式做出统一规定，本条文仅提出原则性要求。

通常，当勘察孔数量为 2 个时，可在中心控制线两端或场地对角线两端布置；3 个以上钻孔时，可根据拟建工程场区的实际情况采用“之”型、梅花型等钻孔布置方案。

3.2.4 地埋管地源热泵系统工程勘察深度较大，一般为 80 m～120 m。上海市 150 m 以内以第四系松散相沉积物为主，钻探过程中，浅部的淤泥质软土层易产生缩径，粉性土、砂性土层易发生坍孔，故钻探应根据勘察深度和地层岩性特点合理选用钻探设备和钻探方法，以保证勘察工作的顺利进行和取土、取样质量。

钻探过程中应做好地质编录工作，地质编录内容包括：回次深度，土层名称、颜色、状态、层理、包含物及取样深度，静止水位等。

地质编录是一项专业性较强的技术工作，应由具有专业知识和实际工程经验的从业人员担任。

工程勘察室内试验测试的岩土物理性质指标有：密度、含水量(率)、液、塑限(对于黏性土)、颗粒分析(对于粉性土和砂性土)，试验方法按照现行国家标准《土工试验方法标准》GB/T 50123 执行。

3.2.5 岩土体原始温度是地埋管地源热泵工程地下换热器设计的重要参数之一，须准确测定。原始状态岩土体温度受地区气候、地层岩性、构造运动的影响，不同地区的地温及其在垂直方向的变化存在差异。

1 地温测试孔在施工过程中受钻进循环液体和埋管回填的影响，地温会发生变化且恢复到原始状态需要一定的时间。地温恢复时间与施工期气温、施工周期岩土体结构和地下水渗流场等因素相关。上海市浅层地热能调查评价项目中，通过对不同区域、不同施工期的地温测试孔进行地温恢复监测的数据表明：春、秋季施工时地温恢复时间一般在 2 d～10 d，而盛夏时节施工且施工周期较长的测温孔地温恢复时间长达 30 d。因此，岩土层原始地温测试需要待地温恢复后进行，可以通过间隔 2 d 的地温测试值差在±0.2 ℃之间为判断依据。

3 长期监测数据表明：本市地温垂向分布分层明显，依次分为变温层、恒温层和增温层。变温层底界埋深一般在 9 m～20 m，地温受气温影响变化较大，建议测点间距控制在 1 m～2 m。

4 参考相关规范要求并结合常用测温仪器的测温精度来综合确定温度误差。

3.2.6 为保证大中型地埋管地源热泵系统的安全运行和节能效果，在充分考虑到本区地层特点的情况下作出本条规定。

3.2.7 当设计采用数值模拟方法对换热区进行热平衡分析时，利用土层综合热物性参数和分层热物性参数可显著提高数值模拟的精准度；主要岩土层是指连续分布厚度大于 5 m 的岩土层。

3.2.8 考虑到地埋管地源热泵系统工程规模、特点、场地及地质条件等各不相同，要制订统一的适用于每个工程的勘察报告格式和内容是不切实际的。因此，本条文只规定了报告应包括的基本要求。

1 项目概况主要是描述拟建建筑浅层地热能需求，勘察工作目的任务、依据和执行的技术标准。拟建建筑浅层地热能需求包括拟建建筑性质、规模及冷热负荷特征。

2 勘察工作概况主要描述本次勘察工作所采用的技术方法、勘察工作量的布置及实际完成情况。

3 场地条件主要描述拟建场地地形特征、场地及周围重要建(构)物分布情况、场地地下空间现状及规划情况。

4 场地地质条件主要描述地层特征、含水层分布及特征、地温场特征;地层特征主要表述地层层序、岩性、空间分布、地层常规物理指标统计结果;含水层分布及特征主要表述潜水、承压含水层的空间分布、水位标高、径流方向、水力梯度等;地温场特征主要表述变温层底界埋深、恒温层底界埋深、恒温层温度、增温层增温率等。

5 岩土热物性特征主要参数包括导热系数、比热容和热扩散系数等,其根据热响应试验和室内测试结果进行描述;热响应试验结果描述时,应包含试验深度内岩土综合导热系数、比热容、热扩散率,并说明计算条件、方法和供试验过程的图表,当有 2 个及 2 个以上试验孔时提供平均值;岩土热物性参数室内测试结果描述时应分层统计,提供样品个数,岩土层导热系数、比热容、热扩散率算术平均值、最小值和最大值。

6 地下换热器换热能力是地埋管地源热泵设计、运行需要掌握的重要指标,地下换热器换热能力与地质条件、换热器结构、循环液体温度等相关性较大;在勘察阶段基于已查明的地层结构和参数,在常用换热器结构和多种循环液温度条件下计算换热器换热功率,估算可供埋管区域总的换热功率,评价地埋管地源热泵系统的适宜性,供设计参考使用;换热器换热功率计算可采用本标准附录 E 计算方法进行。

7 建议增加地下换热器施工影响分析,依据已查明场地状况、地层岩性与结构、水文地质条件,对换热孔施工时岩土体可钻性、地下水保护和周围环境影响进行分析评价,提出施工中注意的问题。

3.3 地表水换热系统勘察

3.3.1 地表水换热系统勘察应进行场地现状调查和水工构筑物勘察。

场地现状调查中的“场地”是指陆域场地，调查主要包括以下内容：①场区地形、地貌；②场区内建筑物分布及其占地面积；③场区内地下构筑物的分布及其埋深；④可利用的地表水水源距拟建水源热泵机房的距离；⑤河流上、下游一定范围内（通常指河流上、下游各 500 m，湖水 200 m 范围内）的地源热泵系统工程情况。

水工构筑物的岩土工程勘察，应按相关行业的岩土工程勘察规范执行。

3.3.2 通常地表水水温、水量、水质等在不同季节会呈现规律性的变化，这种变化对地源热泵系统运行工况有直接影响。因此，地表水地源热泵系统工程必须在充分了解水源动态规律的条件下进行，故作此规定。有长期监测资料的水域，宜提供 10 年以上的地表水源动态资料。

3.3.4 现行上海市工程建设规范《岩土工程勘察规范》DGJ 08—37 已对类似水工构筑物的勘察作出了规定，为精简内容和避免重复，本标准对水工构筑物勘察不另设规定。

3.3.5 本条文只规定了报告应包括的基本要求、项目概况、勘察工作技术方法及完成情况，场地状况等说明参照本标准第 3.2.8 条的条文说明的相关内容。

4 地表水资源条件应包括：

1）水源分布及水下地形。

2）径流量、径流速度及动态。

3）水温及动态。

4）水质及动态。

5）地表水源的单位水体热承载能力（需要时）。水体热承载能力指在满足一定的节能率条件下，单位体积水体能够承载的最大负荷，可采用类似案例、简单计算或数值模拟的方法进行。地表水热能利用后，会使水体温度上升或下降，从而改变水中的微生物的生长环境，致使水中微生物死亡、水质恶化、水体污染，因此应对水体热能利用后进行影响分析，应符合现行国家标准《地表水环境指标标准》GB 3838 的要求。

5 可从基础持力层选择、地基土承载力及施工应注意的问题几个方面对水工构筑物地基基础进行分析评价。

6 结论和建议：应根据勘察结果对采用地表水地源热泵系统适宜性作出评价；对系统形式、取退水口位置及路线、用水量及设计、施工应注意的问题等提出建议。

3.4 地下水换热系统勘察

3.4.1 通过查明拟建场地地下水分布、埋藏、地下水的补给、径流、排泄条件及水质和水量等特征，对地下水资源作出可靠评价，提出地下水合理利用方案，并预测地下水的动态及对环境的影响，为地下水换热系统水源井设计提供依据。

2 地下水类型按照含水层的孔隙性质分为孔隙水、裂隙水和岩溶水，按照地下水水动力条件分为潜水、承压水。上海市地下水主要赋存在松散岩类孔隙中，根据含水层形成时代、成因、水动力条件划分为潜水含水层、微承压含水层、第Ⅰ承压含水层、第Ⅱ承压含水层、第Ⅲ承压含水层、第Ⅳ承压含水层、第Ⅴ承压含水层 7 个含水层（组）。

3 上海地区不同地下含水层岩性存在一定的差异，主要以粉性土、粉砂、细砂、中砂、粗砂等为主。

4 含水层富水性指含水层输导、汇聚、产出地下水的能力，通常采用规定口径、规定降深的单井出水量或泉水流量进行表征。上海市通常采用井径 254 mm、水位降 5 m 时单井涌水量(m^3/d)来表征,富水性分为极弱富水性(<100 m^3/d)、弱富水性(100~1 000 m^3/d)、中等富水性(1 000~3 000 m^3/d)、较强富水性(3 000~5 000 m^3/d)、强富水性(>5 000 m^3/d)五个等级;含水层渗透性通常采用渗透系数表示,一般用来衡量地下水在含水层中径流的快慢,渗透系数指单位时间内通过单位断面的流量(m/d)。

5 地下水水温影响地下水换热量和系统的能效。上海市地下水温度随含水层空间分布和区域地温场差异而不同,浅部第Ⅱ承压含水层水温主要分布在 19.0 ℃~21.0 ℃范围,第Ⅲ承压含水层水温主要分布在 20 ℃~22.5 ℃范围。

6 水源井间距的合理确定是地下水换热系统设计中水源井群平面布置的重要内容,既需要考虑抽水、回灌井间的热贯通问题,又不能忽视群井相互作用下水源井抽、灌能力衰减现象。地下水径流方向、速度和水力坡度是影响井间距确定的几个主要因素,可以通过收集区域资料获得,也可通过现场水文地质试验获得。

3.4.2 上海市水文地质研究程度高,调查成果多,地下水换热系统勘察时,首先充分收集场地及邻近的水文地质资料。当已有水文地质资料能够满足需要时,可根据实际情况直接利用;当已有水文地质资料不能满足要求时,应布置水文地质勘探孔。设计勘探孔的目的,一是查明勘察区地质和水文地质条件,二是取得水文地质参数和评价地下水资源所需的资料,主要采用地质钻探、水文地质试验、水(土)样分析等技术方法。

3.4.5

1 采用稳定流量进行回灌试验是参照现行行业标准《浅层地热能勘查评价规范》DZT 0225 第 5.5.4 条第 1 款规定,试验孔水位上升的次数是参照现行国家标准《供水水文地质勘察规范》

GB 50027 中抽水试验的要求。

3 参照现行行业标准《浅层地热能勘查评价规范》DZT 0225 第 5.5.4 条第 4 款。

3.4.7 本条文只规定了报告应包括的基本要求，项目概况、勘察工作技术方法及完成情况、场地状况等说明参照本标准第 3.2.8 条的条文说明的相关内容。

4 适宜的含水层是地下换热系统应用的基础，主要从目标含水层富水性、水温、水质进行分析评价。

5 依据抽、灌试验结果，分析水源井抽灌能力。

6 地质环境影响主要通过对地下水位、地下水温、地表沉降等方面进行预测分析，并与区域动态变化进行对比分析，评价引起的地下水位、地下水温、地表沉降变化对区域的影响。

4 工程设计

4.1 一般规定

4.1.1 上海市属夏热冬冷地区，夏季需供冷，冬季需供热。地源热泵系统是利用地表水和浅部土层的热容量，夏季时吸收空调系统排出的热量，冬季时提供空调系统所需热量，是一种利于节能、保护环境的系统，故在空调系统冷热源选择时，宜将其纳入比选方案。

4.1.2 地源热泵系统设计与应用涉及面较广，在我国推广应用的时间不长。目前，了解地埋管地源热泵系统中的地埋管换热特性主要依靠现场的岩土热物性参数测试和岩土温度数值模拟技术；地表水地源热泵系统水源侧的情况也比较复杂。因此，应用这两类系统都需在前期作深入研究，进行可行性分析。此外，系统的应用需向政府主管部门征询意见或需获得批准。例如，利用地下空间宜向规划部门了解有否其他用途；利用地表水需经水务、航道部门审批等。对于具体的地源热泵系统，方案设计时也应重视系统的节能性和经济性，应与常规空调冷热源系统进行全年能耗和运行费用比较，不能因为是可再生能源系统而盲目采用。

4.1.4 地源热泵系统制冷能效比、制热性能系数是反映系统节能效果的重要指标，能效比过低，系统的节能率可能还低于常规能源系统，就不能体现地源热泵系统的优势，因此有必要对其作出规定。表 2 给出的地源热泵系统制冷能效比、制热性能系数限值是参考现行上海市工程建设规范《可再生能源建筑应用测试评价标准》DG/TJ 08—2162 中第 4.1.1 条确定。项目设计时，应综合考虑气候区域、资源条件、工程规模等因素，合理设计地源热泵系统，对于绿色建筑以及浅层地热能一体化示范项目宜适当提高系统的性能，如2020年上海市建筑节能和绿色建筑示范项目专项扶持资金申报指南中对于浅层地热能建筑一体化项目要求地源热泵系统制冷能效比不低于3.20。

表2 地源热泵系统制冷能效比、制热性能系数限值

机组容量(kW)	系统制冷能效比 EER_{sys}	系统制热性能系数 COP_{sys}
≤80	≥2.8	≥2.4
80～528	≥3.0	≥2.6
528～1 163	≥3.1	≥2.7
>1 163	≥3.2	≥2.8

4.2 地埋管换热系统设计

4.2.1 地源热泵系统能否稳定运行并充分发挥其节能性，系统容量与系统冷热负荷、有效埋设空间匹配至关重要，系统设计时应根据项目冷热负荷及有效埋设空间，合理设计系统容量，确保系统持续稳定运行。

4.2.2 系统全年冷、热负荷是指由地埋管地源热泵系统承担的全部负荷，如空调冷、热负荷以及可能有的生活热水负荷。计算中应注意系统全年冷、热负荷与系统全年释热量、取热量的不同概念，后者涉及热泵机组能耗转换的热量。对于蓄热性能很好的地下岩土层，应保持全年释热量与取热量平衡。

4.2.3 换热土层的温度场及其变化趋势是了解热泵系统运行工况、岩土热承载负荷能力的重要参数，是调整系统运行策略的重要依据和支持系统正常运行的重要手段。

4.2.4 许多地源热泵系统的地埋管在建筑物的基础底板下，常需穿过底板，由于基础防水与沉降等潜在性问题较为复杂，故必须

预先与有关工种进行研究和评估，以确保系统的可靠性。

4.2.6 换热管邻近机房或以机房为中心设置是为了减少供、回水集管的长度，利于节能。

4.2.7 换热管与管件在土层中易受到有机生物等的腐蚀，为延长其使用寿命，应采用化学稳定性好、耐腐蚀的材料。导热系数大的材料，有助于减少热阻，提高换热效率。换热管与管件需承受系统的水压力，故它们除了应满足设计压力要求外，承压值还应不小于 1.0 MPa，使承压能力留有裕度。

4.2.8 换热管系统内通常采用水为换热介质，当系统水在冬季可能会结冰时，应在水中加乙烯基乙二醇防冻。含防冻液的溶液冰点温度应比运行工况中可能出现的最低温度低 3 ℃～5 ℃。换热介质的安全性包括毒性、易燃性及腐蚀性；介质的良好换热性能和较小的摩擦阻力系数是指具有较大的导热系数和较低的黏度。此外，可采用的其他换热介质有：氯化钠溶液、氯化钙溶液、乙二醇溶液、丙醇溶液、丙二醇溶液、甲醇溶液、乙醇溶液、醋酸钾溶液及碳酸钾溶液。同时条文中对管内流速提出要求是为了利于换热。

4.2.9 换热孔的回填料位于换热管与钻孔壁之间，可用于保证换热管和周围岩土的换热，并防止地表水通过钻孔向地下渗透或不同承压含水层之间的水力沟通，保护地下水不受污染或避免各承压水层之间地下水的相互影响。因此，适宜的回填料对于保证地埋管换热器的性能、防止地质环境恶化有重要意义。

回填料的导热性、抗渗性、经济性以及施工难易程度是选择回填料的主要因素；不同地质条件对回填料的性能要求也不同。

回填料的导热系数是影响换热孔孔内热阻的重要因素，当回填料的导热系数低于周围岩土的导热系数时，换热孔孔内的热阻在总热阻中所占比重较大，因此增大其导热系数有利于减小总热阻；当回填料的导热系数大于周围岩土的导热系数时，孔内的热阻在总热阻中所占比重相对较小，增大其导热系数对总热阻的减少量不明显。

根据已有的勘察研究成果，上海地区 150 m 以浅地层岩性主要由黏性土、粉土、砂性土组成，岩土体导热系数室内测试加权平均值为 1.547 W/(m·K)～1.925 W/(m·K)，100 m、150 m 深度热响应测试综合导热系数分别为 1.724 W/(m·K)～1.911 W/(m·K)、1.762 W/(m·K)～2.160 W/(m·K)。为进一步了解国内常用回填料的性能，本标准编制组组织有关人员对由膨润土、水泥、黄沙构成的回填料进行了试验研究，膨润土基回填料（主要由黄沙、膨润土组成）、水泥基回填料（主要由黄沙、水泥、膨润土组成）在不同配比条件下的导热系数、渗透系数测试结果见表 3、图 1、图 2，可供勘察、设计、施工人员参考。

表 3　水泥基回填材料不同配比导热系数测试结果

序号	配比 黄沙：膨润土：水泥	导热系数 [W/(m·K)]
1	5：4：1	1.205
2	5：3：2	1.221
3	5：2：3	1.257
4	5：1.5：3.5	1.324
5	6：3：1	1.334
6	6：2：2	1.411
7	6：1.5：2.5	1.531
8	6：1：3	1.596
9	7：2：1	1.492
10	7：1.5：1.5	1.641
11	7：1：2	1.695
12	7：0：3	1.883
13	8：0：2	1.948
14	9：0：1	2.147

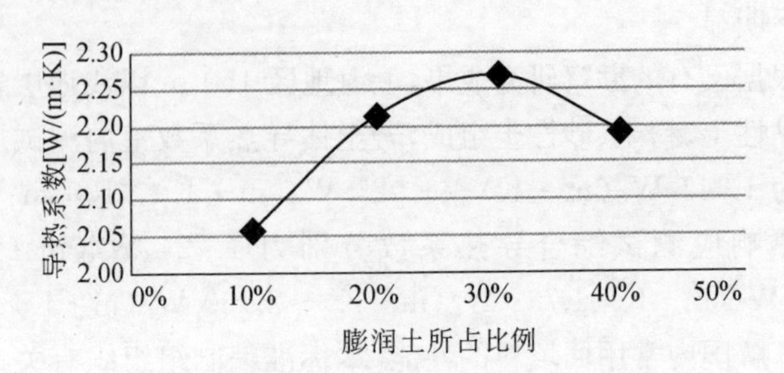

图 1　不同配比膨润土基回填料导热系数

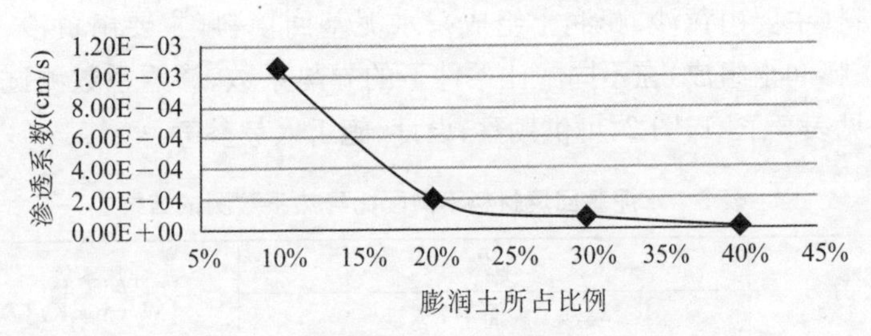

图 2　不同配比膨润土基回填料渗透系数

回填料的抗渗性可用其渗透系数进行描述，渗透系数越小，其抗渗性能越好。上海地区地下水隔水层或弱透水层主要指黏性土土层，当回填料的渗透系数小于或接近上海地区隔水层或弱透水层的渗透系数(小于 2×10^{-4} cm/s)时，可以满足止水要求。

4.2.10　地埋管换热器的长度设计计算是地源热泵系统的重要设计内容，主要满足以下要求：

1　由于地埋管的换热性能受岩土体热物性和地下水流动等地质条件的影响很大，即使在同一地区，岩土体的热物性参数也有差别。为确保地埋换热管的设计符合实际情况，通常在设计前需对现场岩土体热物性进行测定，并根据实测数据进行计算。此外，建筑物的全年动态负荷、系统运行过程中岩土体的温度变化、换热管及传热介质的特性也都会影响它们的换热效果。因此，考虑到地埋管换热器设计计算的特殊性与复杂性，其设计长度宜采用专用软件进行计算。这类软件应具有以下功能：

(1) 能计算或输入建筑物的全年动态负荷；

(2) 能计算岩土体平均温度与地表温度波幅；

(3) 能模拟岩土体与换热管间的热传递及岩土体长期储热效果；

(4) 能计算岩土体、传热介质及换热管的热物性；

(5) 能对所设计系统的地埋管换热器体系如钻孔直径、换热管类型、回填情况等进行模拟。

目前，在国际上比较认可的地埋管换热器的计算核心为瑞典隆德大学开发的 g-functions 算法。根据程序界面的不同主要有：瑞典隆德 Lund 大学开发的 EED 程序，美国威斯康星 Wisconsin-Madison 大学 Solar Energy 实验室(SEL)开发的 TRNSYS 程序，美国俄克拉荷马州 Oklahoma 大学开发的 GLHEPRO 程序。在国内，许多大专院校也曾对地埋管换热器的计算进行研究并编制了计算软件。

2 地源热泵系统最大释热量与建筑物的设计冷负荷相对应。它包括热泵机组释放到循环水中的热量(机组供冷量与压缩机耗功之和)、循环水在输送过程中得到的热量、水泵耗功释放到循环水中的热量。将上述三项热量相加就可得到供冷工况下释放到循环水中的总热量，即

$$最大释热量=\sum[空调冷负荷\times(1+1/EER)]+\sum 输送过程得热量+\sum 水泵释放热量$$

地埋管换热系统一般只有少量管道暴露在地下室，系统运行时可以忽略输送过程得热量，则

$$最大释热量=\sum[空调冷负荷\times(1+1/EER)]+\sum 水泵释放热量$$

地源热泵系统最大取热量与建筑物设计热负荷相对应。它

包括热泵机组从循环水中的取热量（空调供热量，并扣除机组压缩机耗功）、循环水在输送过程中失去的热量并扣除水泵释放到循环水中的热量。将上述两项热量相加并扣除第三项就可得到供热工况下循环水中的总取热量。即

$$最大取热量=\sum[空调热负荷\times(1-1/COP)]+\sum输送过程失热量-\sum水泵释放热量$$

地埋换热管设计时不计集管的取热量，输送过程失热量也可以忽略，水泵的释放热量可以作为安全因素不予计入，则

$$最大取热量=\sum[空调热负荷\times(1-1/COP)]$$

最大取热量和最大释热量相差不大的工程，应分别计算供热与供冷工况下地埋管换热器的长度，取其大者；当二者相差较大时，宜通过技术经济比较，采用辅助散热（增加冷却塔）或辅助供热的方式来解决，使之经济性较好，同时可避免因取热与释热量不平衡引起岩土体温度降低或升高。

夏热冬冷地区的地埋管热泵系统夏季时一般需要辅助冷却，如采用冷却塔或地表水换热系统。对于昼夜不间断供热用户，当地源侧工况不满足热泵机组正常供热工况时，需要辅助热源。对于负荷不大的项目（如别墅），可适量增加换热面积，以满足取热量和释热量的要求，保证地下岩土体温度在全年使用周期内得到有效恢复。

3 在竖直换热管系统中，水平连接管的换热量可作为系统换热的冗余度。

4.2.11 地埋换热管的埋管深度将影响所需钻孔地域的大小，也影响水系统的承压值，条文中的深度推荐值较国家规程中的值大，是考虑了上海市土地资源紧缺的缘故。钻孔孔径的大小以能较容易地插入所设计的U型管与灌浆管为准。为避免热短路，钻孔间距应通过计算确定。岩土体吸、释热量平衡时，宜取小值；反之，宜取大值。同时为了利于排气，在条文中对管道坡度提出了要求。

4.2.12 同程布置有利于水力平衡。提出环路同程布置、与每对供、回水环路集管(或分、集水器)连接的换热管环路数宜相等是水力平衡的需要;供、回水环路集管的间距不应小于 0.6 m,是为了减少供、回水管间的热传递。

4.2.13 地埋换热管分区域设计是为了便于系统管理、维护,另一重要的优点是在部分负荷时,可较方便地轮换运行部分换热系统,即一部分换热管按需工作,另一部分换热管可"休息养生",利于岩土温度恢复;此外,避免了在部分负荷时,部分流量流动在较大的管系中,导致流速降低,换热性能变差,且浪费了水泵能量。分组连接与建议每组集管所含竖直换热管环路数是为了便于运行管理与水力平衡调节。

4.3 地表水换热系统设计

4.3.1 地表水地源热泵系统有开式和闭式之分。系统究竟选取何种形式除了应考虑水系的基本情况外,还应考虑投资、施工、运行维护等技术与经济方面的因素。为满足空调负荷要求和防止水体生态环境受到影响,对设计闭式地表水换热系统的可行性、经济性需进行分析与评估。作为空调系统的热源、热汇的地表水系,应具有一定的面积和深度,具体大小应根据气象参数、水的流速、系统释热量、取热量等因素综合确定。上海市地域内的地表水情况也有差异,一些几乎不流动的水体使用时会受很大限制。热泵机组运行应在一些水流量较大的流动水体中进行,如黄浦江等,当然也必须经过主管部门的批准。地表水换热系统的经济性在设计之初是设计人员必须重视的问题,经济性包括了系统的初投资、节能效果、维护成本、使用寿命等多方面内容。

4.3.2 此条要求是为了避免其他取、退水口引起的局部水流对水中盘管的换热有不利影响。同时当系统处于部分负荷时,有可能只需要部分换热盘管换热,即只需要运行系统部分流量,此时变频调节流量具有很大的节能效果。

4.3.3 上海市域内的地表水水质变化很大，取水口应位于水质较好的位置。因开式系统的水还需退回到水体中，所以不可采用化学处理方法，通常采用物理方法，如格栅过滤、精过滤、离心除沙器、自动反冲洗过滤器等。拦污格栅装置应能除去粒径 10 mm 以上的垃圾；自动反冲洗过滤器可除去粒径 1 mm 以上的垃圾；虽然粒径 1 mm 以下的细屑基本上不会阻塞地表水直供系统中热泵机组的换热管，但可根据需要采取其他更有效的清污措施。

4.3.4 换热管材质有铜镍合金和钛合金等，其中钛合金耐腐蚀性较好，但传热性能稍逊，故在满足耐腐蚀性的前提下，应尽可能选择传热性能好的管材。换热管的型式有管内壁带螺纹的高效管和光管两种，在采取了可靠的除污、清洗措施的基础上宜采用高效换热管。

4.3.5 本条主要对地表水取、退水口设计进行规定：

1 水系中泥沙回淤会影响正常取水，必要时应进行回淤强度评估。取水口离水体底部宜不小于 1.5 m，河床式进口过栅流速为 0.2 m/s～0.6 m/s，以减少泥沙吸入。对于取水量变化大的系统，可设置 2 个以上取水管(渠)，以在部分取水量时保持一定流速，利于减少管(渠)内泥沙沉积和交替清淤频次。

2 取、退水口之间的热扩散发生“短路”现象将影响取水温度，即影响热泵机组的效率。对于热扩散因素复杂的水体，应进行热排放的模拟分析。除了本工程对水体排热影响外，还需评估本工程退水和取水对系统自身的影响。夏季(系统供冷)时，退水引起的取水温升应小于等于 0.2 ℃。

3 降低水泵能耗是系统节能的重要手段，因此取、退水口位置离项目现场不应太远，并尽可能少提升或不提升水位。

4 对于水位变化的水体，当水位升高时，需水泵提升的水头减小；因系统负荷变化，地表水流量减小，水泵的流量和扬程也应减小。因此，利用变频手段降低水泵转速，可获得节能效果。此外，利用明渠等进行重力退水，也是一项节能措施。

4.3.6 本条主要对开式地表水设计进行规定：

1 易生藻类的水系，应采取药物灭藻措施，定期对系统进行封闭自循环灭藻。但药物排放需满足水体的环保要求。系统水的加药灭藻处理应局限在管道系统内，对于开式地表水系统，应在设计时预先考虑加药时能将系统暂时变成闭式系统。此外，对于所加药物，应充分了解其化学成分与性能，系统水量、水中的药剂浓度等因素，以便环保部门判定清洗后系统水排放到水体中的合法性；地表水换热系统可采用开式或闭式两种形式。开式系统可细分为地表水直接进热泵机组的直接系统和地表水仅进入板式换热器的间接系统两种形式。除了热泵机组分散布置且数量众多，如采用单元式机组的场合外，宜优先采用换热效率高，不易阻塞的直接进热泵机组的开式系统。机组选型应符合水质要求。

2 地表水中微小的污垢黏附在换热管内壁上会影响机组效率，运行时应采取自动清洗措施。换热管内壁污垢的清洗有人工和机械两种方法。人工清洗方法是定期打开换热器管壳两端的端盖，用人工冲刷换热管去除污垢，此方法需停机，且劳动强度大；机械清洗方法是利用一个装置，借助机组换热管两端的水压差，迫使许多胶球或管刷通过众多的换热管，以洗刷其内壁上的污垢，清洗过程可定时、循环进行，胶球或管刷规格应由测得的换热管内径精确确定，此类装置效果较好。

4.3.7 本条主要对闭式地表水设计进行规定：

1 闭式地表水热泵系统的设计释热量或取热量计算可参照本标准第 4.2.10 条的条文说明。

2 接近温度是指换热器出水温度与水体温度之差值。较小的换热器接近温度说明换热器具有较好的换热能力，但换热面积需较大，投资会增加。机组供冷时，设计工况下的换热器出水温度不高于 32 ℃，是为了使热泵机组运行时具有比用冷却塔更好的节能效果。机组供热时,设计工况下的换热器的出水温度不低于5 ℃,是为了使机组能可靠地运行。

3 闭式地表水换热器有三种型式:U型抛管型、平铺螺旋抛管型和螺旋盘管抛管型。由于U型抛管型占用水面面积大、水下固定工作量大,一般很少采用。平铺螺旋抛管型是将螺旋换热管平铺在水体下部,适用于水体较浅的场合;螺旋盘管抛管型是将每一组螺旋换热管采用间隔方式捆扎好,然后按每组一定的间距固定于水体中,为保证与水体有充分的换热面积,它对水体的深度、水质等都有一定要求。此外,由于水体中的淤泥、水生物、藻类等都对换热管的投放、维护、更换有较大的影响,故设计时必须充分考虑这些因素。

4 闭式地表水的换热性能受诸多因素影响,通过计算或进行测试是较为可取的手段。为利于换热器的换热效果及系统内气体的排放,闭式换热器内的传热介质应保持紊流状态流动,即雷诺数 Re 不小于2 300,换热器内流体的推荐流速宜不小于0.4 m/s;环路集管的比摩阻不大于150 Pa/m,流速不大于1.5 m/s;系统供、回水管水流速宜为1 m/s~2.5 m/s,比摩阻不大于200 Pa/m。

4.3.8 提出换热盘管位置与安装要求是为了保证换热效果。换热盘管下部通常有衬垫物,衬垫物有两个作用:首先衬垫物的重量能使换热盘管稳定地固定在水体底部,防止因各种因素造成水流移动换热盘管;其次是换热盘管的底部与水体底部有一定距离,以保证换热效果。换热盘管的顶部与地表水最低水位的距离要求是为了减小气温与太阳辐射热对盘管换热的影响。

4.3.9 本条规定是为了改善系统水力平衡,使每一组换热盘管都能起到有效的换热作用。总集水器及总分水器之间的连接关系如图3所示。

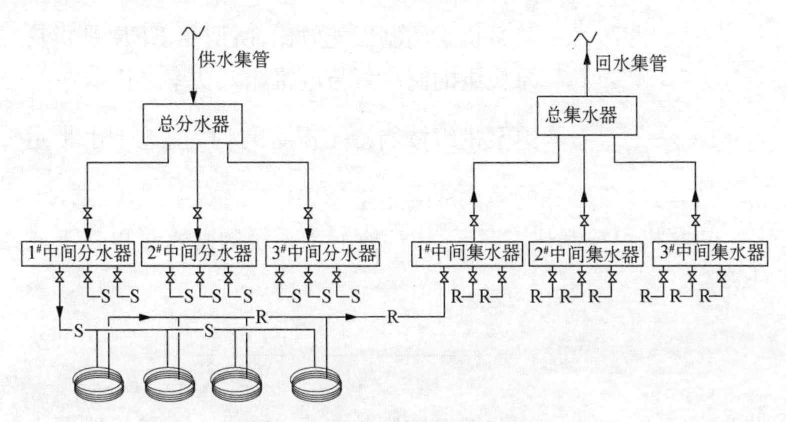

图 3　中间分、集水器连接示意

4.4　地下水换热系统设计

4.4.2　回灌措施是指将抽取的地下水全部回灌至原取水含水层的措施，在抽水和回灌过程中，应采取密闭等技术措施，以保证所抽取的地下水能实现无污染100%回灌，水源井只能用于置换地下冷量和热量，不得用于取水等其他用途。

4.4.4　热泵机组按制冷工况运行时，地下水系统的总水量可按下式计算：

$$m_{gw}=\frac{Q_e}{C_p(t_{gw2}-t_{gw1})}\times\frac{EER+1}{EER} \tag{1}$$

式中：m_{gw}——热泵机组按制冷工况运行时，所需的地下水总水量(kg/s)；

t_{gw1}——井水水温，即进入热交换器的地下水温(℃)；

t_{gw2}——回灌水水温，即离开热交换器的地下水温(℃)；

C_p——水的定压比热，通常取 $C_p=4.19$ kJ/(kg·℃)；

Q_e——建筑物空调设计冷负荷(kW)；

EER——热泵机组的制冷能效比，所谓的 EER 是指热泵机组的制冷量与电机输入功率之比；

$Q_e(1+\frac{1}{EER})$——热泵机组按制冷工况运行时，由地下水带走的最大冷凝热量(kW)。

热泵机组按制热工况运行时，地下水系统的总水量可按下式计算：

$$m_{gw}=\frac{Q_c}{C_p(t_{gw1}-t_{gw2})}\times\frac{COP-1}{COP} \tag{2}$$

式中：m_{gw}——热泵机组按制热工况运行时，所需的地下水总水量(kg/s)；

t_{gw1}——井水水温，即进入热交换器的地下水温(℃)；

t_{gw2}——回灌水水温，即离开热交换器的地下水温(℃)；

C_p——水的定压比热，通常取 $C_p=4.19$ kJ/(kg·℃)；

Q_c——建筑物供暖设计热负荷(kW)；

COP——热泵机组的制热性能系数，所谓的 COP 是指热泵机组的制热量与电机输出功率之比；

$Q_c(1-\frac{1}{COP})$——热泵机组按制热工况运行时，从地下水中吸取的最大热量(kW)。

4.4.5

1 本市分布第二、三承压含水层是水源井适宜的目标含水层，岩性以细砂、中砂、粗砂等为主，地下抽、灌井钻孔口径常采用 550 mm～600 mm，井管口径常采用 273 mm～325 mm 。

2 区域水位控制要求指为减轻地下水开采对地面沉降的影响对含水层水位降深设置控制值，参照本市深井坑减压降水地面沉降控制预警指标要求，第二、三承压含水层距离水源井 50 m 处水位降控制小于 2 m；井群干扰条件下水源井抽水量和回灌量较为复杂，一般通过建立地下水模型采用数值方法进行计算。

地下水回灌可分为真空回灌、自流回灌和加压回灌，由于本市第二、三承压含水层水位埋深较浅且含水层渗透性一般，通常采用加压回灌。

4.4.6

1 本市第二、三承压含水层抽灌比一般在30%～70%，抽出水能力大于回灌水能力，以灌定采方式是为确保地下水达到完全回灌，水源井兼顾抽水和回灌功能。

3 水源井按照功能的不同通常分为夏抽冬灌井（冷井）和夏灌冬抽井（热井）。水源井群井间距合理设置较为重要，若夏抽冬灌井与夏灌冬抽井之间间距过小易造成热贯通，若夏抽冬灌井之间或者夏灌冬抽井之间间距过小宜造成单井抽水或回灌能力衰减。

4.5 热泵机房系统设计

4.5.2 热泵机组设计应按如下要求进行：

1 采用单一的地源热泵系统供冷、供热时，热泵机组的容量确定应以计算冷、热负荷中的大者为依据，并考虑机组实际运行工况下的参数。采用地源热泵与其他冷、热源结合的复合冷热源系统时，辅助加热装置和辅助散热装置的选型应经负荷分配综合分析确定。在实际确定机组规格时，往往不能刚好满足负荷需要，这时设计人员可以选择制冷量或制热量稍大的机组，一般不会超出要求负荷的10%。

2 为使热泵机组在全年负荷与各种工况下都具有良好的效率，机组的性能及选择台数都非常重要。当小型工程仅设1台机组时，应选择调节性能优良的机型，并能满足全年最小负荷时可以运行的要求。

4.5.3 为满足土壤全年热平衡需要，地源热泵系统通常需设置辅助冷却设备，如闭式冷却塔，也可通过增设水冷冷水机组或空气源热泵机组等方法解决。为保证系统冬季供热的可靠性，有时需增设辅助热源，如空气源热泵或其他热源设备。

4.5.4 地源热泵系统与其他冷热源系统构成多源复合系统有利于互为备用，优势互补。

4.5.7 此措施是为了避免地源侧系统中的循环介质受污和管路被堵塞。

4.5.8 变流量设计是为了尽可能降低系统能耗。设置反冲洗措施的目的是防止换热管道系统堵塞。

4.5.10 地表水间接进入机组的系统，需要采用换热器。为了提高换热效率，减少地表水的温度损失，减小换热器体积，设计常采用板式换热器。虽然地表水在进入该换热器前经过了多重过滤处理，但仍发现换热器的地表水侧很容易堵塞，影响使用效果，因此需要经常对换热器进行清洗和维护。为了避免影响使用，对于重要使用场合，建议设有备用换热器，以免因换热器的维护而影响系统正常工作。

4.5.14 供给机组的地表水虽经过一定处理，但水中的杂质、沉淀物等仍较多，另外，机组用户侧的系统水一般经化学处理。当机组进行供冷、供热切换时，与两系统相关的部分管道就会从原功能水系统的一部分转换成为另一功能水系统的一部分。若此时未将这段管道中的水放掉，并清洗管道，则会使较污的地表水进入用户系统，使含药剂的用户水进入地表水中。因此，为了系统具有良好的换热效率和源水体的环境保护，在机组功能切换时有必要采取条文中的措施。

5 工程施工

5.1 一般规定

5.1.3 地埋管系统工程需占用地下空间，施工时可能会对既有管道、电缆、地下构筑物或文物古迹造成影响，应采取有效保护措施。

5.2 地埋管换热系统施工

5.2.1

2 主要目的是方便竖直U型管与环路集管对接，U型管的组对长度大于换热孔设计深度1 m～2 m为宜。

4 水压试验主要目的是检查管路的密封性能。

5.2.2

1 不同的地层条件、孔径、孔深要求钻机的性能也不同，应采用相适应的钻机及钻进工艺。本市地埋管钻探施工常采用XY-1型、SH-30(2A)型、YGL-80R型等型号的工程钻机和"正循环"钻进工艺。

2 换热孔孔壁稳定是保障后续下管和注浆回填顺利进行的前提，当浅部填土较厚或含较多杂质时，钻孔采用护筒护壁，其他地层可用泥浆护壁。

4 垂直偏差度指钻孔底部中心在水平方向偏离孔口中心垂线的距离与钻孔垂直深度的百分比。目前上海的竖埋管深度多在80 m～120 m之间，埋管的间距在4 m～6 m之间，垂直度偏差过大可能导致钻孔相交，损坏已埋设的地埋管，或因两管距离过近影响热交换效率。为保证钻孔垂直，钻进设备安装应稳固、水平，钻塔天车和钻机立轴及孔口中心在同一直线上；钻进时应使用导向钻具、采取减压钻进等措施。

5.2.3

1 换热管在有压状态下，目的是消除在下管过程中受孔壁及其他外力导致换热管变形，下入注浆管用于后续注浆回填。

2 目的是减轻 U 型管支管之间热影响。

3 本市较多的工程竖直地埋管设置在基础下，埋管一般在基坑开挖前进行，因地埋管在孔内自然弯曲变形、钻孔超深等因素可能导致地埋管下沉，竖直地埋管的长度应在设计换热长度的基础上适当增加富余量，防止基坑开挖引起安全事故。在地埋管的端部用醒目的方式进行标识，便于在挖土时识别，防止挖土机械损坏地埋管。

5.2.4

2 目的是确保孔内灌浆密实、无空腔和减轻注浆泵压力。

4 本市 150 m 以内水文地质条件表明地埋管钻孔钻进过程中将揭穿多层含水层，由于承压含水层埋深较浅，当基坑开挖时换热孔易产生渗水、涌砂等不良地质现象影响基坑安全，因此钻孔回填时，在基坑开挖深度和基坑底部一定深度范围内需要重视回填的止水效果。

5.3 地表水换热系统施工

5.3.1

1 取水构筑物通常由进水部分、连接管渠、吸水部分及吸水泵站等组合而成。取水构筑物的组成、各组成部分的相互关系与所处位置、泵的吸水方式、外形及构造有多种多样的组合。施工过程环节复杂，所采用的工艺和材料众多，因此，施工过程应合理选取工艺。

5.3.2 换热器各支路宜按设计长度由厂家做成所需的预制件，通过现场试压，根据压力降判断管材质量是否合格和连接处是否有渗漏。闭式地表水系统工程长期浸泡在水中，易受水流冲刷和水位变化的影响，绑扎材料必须具有防腐性和足够的强度。

5.4 地下水换热系统施工

5.4.4

1 目的是保证水源井井管的顺利下置和填砾过滤器环状间隙的均匀。

2 上海钻进用循环液通常采用清水孔内自然造浆，钻进过程中泥浆的密度控制在 1.10 g/cm～1.15 g/cm 范围内，砾石、粗砂、中砂含水层泥浆黏度为 22 s～26 s，细砂、粉砂含水层泥浆黏度为 18 s～20 s。

3 每 4 m～6 m 取一个样品，通过颗粒分析确定滤料级配。

4 目的是有利于指导井管安装、填砾和止水的空间位置。

5.4.5

2 考虑到上海市地下水换热系统一般采用第二、三承压含水层，水源井深度小于 150 m，参照现行国家标准《管井技术规范》GB 50296 相关要求确定成孔孔斜小于 1.5°。

5.4.6

1 扶正器的位置和数量，应根据地层岩性、成井深度和井的垂直状况等因素决定。一般每 5 m～10 m 设置 1 组为宜。

2 螺纹连接的井管，丝扣要涂油，连接螺纹要上满拧紧。若螺纹配合不好，丝扣上歪或丝扣损坏时，不得勉强紧扣，要卸开修复，重上或更换。焊接的井管，其两端应车平，并倒角。焊接时，管口内外壁要对平、焊正、焊牢，必要时应采用拉筋加固。

5.4.7

1 石英砂颗粒直径可按照 $D_{50}=(6\sim8)d_{50}$ mm 关系确定，

D_{50}、d_{50}分别指滤料、含水层颗粒筛分中能通过筛眼的颗粒累计重量占筛样全重 50%时的筛眼直径。

5.4.8

1 黏土球用前制好晾到表面稍干,内部湿润柔软为宜。

2 止水效果可采用水位压差法进行检验,采用注水或抽水的方法造成井管内、外的水位差并使其达到 10 m,稳定半小时后,若水位波动幅度不超过 0.1 m,则达到止水效果。

5.4.9

1 工程实践经验表明多种洗井方法联合使用可有效提升洗井效果。

2 在水源井设计和施工中,控制井出水含砂量在允许范围内,是保证管井质量的关键之一。出水含砂量的大小,直接关系到水源井的正常运行和使用寿命,含砂量过高,会导致抽水设备损坏、井管弯曲以致断裂等不良现象。

6 工程验收

6.1 一般规定

6.1.5 本条给出了系统主要组成材料、配件、部件和设备进场验收的具体规定。系统主要组成材料、配件、部件和设备的进场验收是把好材料合格关的重要环节。

首先，应对其品种、规格、包装、外观和尺寸等“可视质量”进行检查验收，并应经专业监理工程师或建设单位代表核准。进场验收应形成相应的质量记录。系统主要组成材料、配件、部件和设备的可视质量，指可以通过目视和简单的尺量、称重、敲击等方法进行检查的质量。

其次，应对质量证明文件进行核查。由于进场验收时对“可视质量”的检查只能检查系统主要组成材料、配件、部件和设备的外观质量，其内在质量难以判定，需由各种质量证明文件加以证明，故进场验收必须对系统主要组成材料、配件、部件和设备附带的质量证明文件进行核查。这些质量证明文件通常也称为技术资料，主要包括产品合格证、出厂检测报告、产品说明书及产品性能检测报告等；定型产品和成套技术应有型式检验报告，进口材料、配件、部件和设备应按规定进行出入境商品检验。这些质量证明文件应纳入工程技术档案。

最后，必要时，对系统主要组成材料、配件、部件和设备的施工现场进行抽样送检。

6.2 地埋管换热系统验收

6.2.7 地埋管换热器施工属于隐蔽工程，其施工特点具有一次性、不可逆性，虽然在施工安装过程中每个环节均需进行质量控制，但安装施工完成后的换热器成品性能是否满足设计要求是地埋管换热器施工验收的重要环节。地埋管换热器循环介质阻力和换热功率是后续系统输送、辅助冷热源等配置的重要依据，同时也是施工安装质量的直接体现。

6.7 竣工验收

6.7.3 质量控制资料主要包括：图纸会审记录、设计变更单、洽商记录和竣工图；系统主要材料、配件、部件和设备的产品合格证、出厂检测报告、产品性能检测报告；隐蔽工程检查验收记录和相关图像资料；施工安装记录；分项工程验收记录等。安全和功能性检验资料包括：水压试验记录，地下水换热系统抽水试验、回灌试验记录，设备单机调试记录，系统调试记录，系统试运行记录等。

7 系统运行监测与管理

7.1 一般规定

7.1.1 工程案例的分析研究结果表明，地源热泵工程系统能效除与设计、施工因素有关外，与后期运行控制、管理及维护保养有密切关系，一些工程，特别是复合式地源热泵系统，往往由于运行策略的不尽合理而效率低下。因此，进行地源热泵系统监测，对指导系统运行，提高系统能效有重要作用。

7.1.3 监测数据是评判系统运行合理性和对地质环境影响程度的重要依据。为指导地源热泵系统合理运行，应定期对监测数据进行分析。监测数据分析的周期可根据工程的实际情况和运行管理需要确定。

7.2 运行监测

7.2.1～7.2.3 参照住房和城乡建设部发布的《可再生能源建筑应用示范项目数据监测系统技术导则》提出。

7.2.6

1 工程实践表明，将温度传感器直接埋入地下，测温传感器成活率较低，并且不利于传感器日常维修及矫正。因此采用成井方式设置监测孔，监测方式灵活，可以是人工方式，也可以采用下入温度传感器进行自动监测，传感器（或系统）损坏可以更换，也可以定期取出进行标定，能够保证监测工作的长期进行。

2 工程实践表明，地埋管地源热泵系统地埋管与地层进行热交换，由于埋管区中心区域最不利于热量扩散，因此温度变化幅度最大，并且出现热堆积情况最为严重，那么对地质环境的影响也最为严重。因此，应对埋管区中心区地温进行监测，从而掌握换热区最不利区域地温动态变化，保护地质环境。此外，地源热泵系统长期运行引起的热影响范围不断扩大，并大致呈线性增长，连续运行 1 年、3 年、5 年、10 年的最大影响范围分别为 10 m、14 m、18 m、26 m。上海是人口密集、建筑密度大、地下空间开发利用程度高的地区，一些重要的地下工程，如地铁等，以及建筑密集区域地源热泵工程的建设及运行方式都应进行规范，那么掌握地源热泵系统长期运行引起的热影响范围和程度至关重要，因此需对埋管区外围地温进行监测。

3 根据已有研究表明竖直地埋管换热器在竖直方向上也存在传热，使换热器下方土层温度发生变化，因此地温监测深度应不小于换热孔深度，对换热器下方地温场进行监测。

5 上海地区 150 m 以浅地层一般以黏性土、粉性土及砂性土为主，根据统计结果，新近沉积的、固结程度较低的淤泥质黏土导热性最差，砂性土的导热性远好于黏性土，含砾中粗砂导热性最好，这导致不同土层地温变化程度也存在较大差异。因此，监测孔内温度传感器布置的数量和深度应根据埋管区岩土层结构确定，不应少于 5 个。

7.2.7 监测数据采集时间间隔对监测数据的分析及应用起到至关重要的作用，间隔时间过大造成不必要的浪费，给数据处理分析造成困难，间隔时间过小不能满足监测精度的要求，因此监测数据采集时间间隔可根据需要设置。根据工程经验，地埋管换热系统运行期地温监测数据采集时间间隔不宜大于 1 h，非运行期数据采集时间间隔不宜大于 24 h。

7.3 运行管理

7.3.1 机房内的热泵机组和换热储热等设备，地源侧、用户侧和生活热水系统等管道，以及各种部件的保温应保持良好状态，有利于降低能耗、节省运行费用。平时应注意保温层和防潮层有无脱落和破损，当管道及设备维修后，应将保温层恢复原状。特别注意与支吊架接触的部位，如果保温层破坏形成冷桥，将增加热量损失。

7.3.2 目的是确保热泵机组的安全、高效运行。

2 地源热泵的运行能耗应站在系统能耗（包括对应水泵）的角度考虑，应使投入运行的设备数量最少，且应考虑设备轮换和设备机械寿命的消耗问题。一般可设置机房群控系统来综合考虑各种因素，机房群控系统的预设逻辑和控制参数应在运行调节过程中根据时间调节。没有机房群控系统，运行管理人员应结合热平衡运行方案，根据室外环境参数、室内使用情况、机组实际负荷及时调整开机数量。

3 冷冻油和油过滤器，使用率高的常规热泵机组 1 年或 2 年一换，冬季也运行的热泵机组，一般情况下 1 年一换。当然，也要根据具体机组的年实际运行时间而定，一般可由厂家或第三方机构提供油质分析报告确定是否更换。

4 蒸发器和冷凝器的换热热阻主要是在水侧，为了保证最好的换热效果，需要定期清洗热泵机组蒸发器和冷凝器，除去水侧污垢，减少水侧换热热阻，提高换热效率；一般热泵机组可以根据换热器进出水温度，对应的冷媒饱和压力和冷媒压力判断换热温差是否加大到需要清洗的程度。

7.3.4 地埋管布置区域土壤温度的变化是土壤源热泵系统长期运行时是否满足吸热和释热平衡的一个重要指标，它可以直观反映系统在一个运行周期结束时，地下土壤温度相对于土壤初始温度的变化。因此，运行管理人员应结合地埋管布置区域土壤温度的监测数据，对土壤热平衡方案进行调整，帮助运行管理人员优化下一个运行周期的运行方案。

7.3.5 地埋管换热系统部分负荷运行时，只需要部分地埋管换热器满足系统运行要求即可。分时分区切换使用地埋管换热器，并优先切换使用外围地埋管换热器，一方面可使地埋管布置区域的土壤温度整体平衡，防止局部土壤温度过热；另一方面可以给土壤温度一定的恢复期，有利于增强地埋管的换热效果。另外，有全年生活热水需求时，在过渡季节仅需要使用部分地埋管作为热源，此时也应分时分区切换使用地埋管换热器。

7.3.10 回灌技术方案是指将地下水通过回灌井全部送回原来的取水层的措施，地源热泵系统管理人员在执行回灌技术方案时，结合地下水水位和水质的监测数据，合理切换选择加压回灌和真空回灌的运行方式。同层回灌、持续回灌、不污染水质、100%回灌是应用地下水地源热泵系统的根本要求，而且水源井只能用于置换地下热量或冷量，不得用于取水等其他用途。

7.3.11～7.3.13 在国内的地下水地源热泵系统实际使用过程中，由于地质及成井工艺的问题，回灌堵塞问题时有发生。回灌井堵塞的主要原因是悬浮物堵塞、微生物的生长、化学沉淀、气泡阻塞、黏粒膨胀和扩散、含水层细颗粒重组等。因此，为避免造成回灌水无法回灌而直接地表排放的现象出现，应采取相应的措施防止回灌井堵塞，保证水源井的正常使用，延长地下水地源热泵系统的使用寿命。

8 地源热泵系统性能测试评价

8.1 一般规定

8.1.1 本标准为工程技术标准，主要侧重于地源热泵的性能测试，具体的评价内容及方法可参照现行上海市建设工程规范《可再生能源建筑应用测试评价标准》DG/TJ 08—2162 的规定。

8.1.2 地源热泵系统的运行性能受到众多因素的影响，如土壤的温度、地表水的温度、地下水的温度、室外的空气温度和相对湿度等等，因此对地源热泵系统工程的性能进行评价时，应优先使用其运行的长期监测数据。长期监测数据可基本反映地源热泵系统全年运行性能的平均水平，确保评价的准确性。

8.2 系统性能测试

8.2.1 地源热泵系统性能评价以测试的数据为基础，评价的结果也以具体的数值进行描述，因此必须进行现场实测，本条规定了地源热泵系统具体的实测参数。其中，地源热泵系统测试参数中的其他设备的耗电量和输入功率应包括循环水泵、潜水泵以及辅助冷热源等的耗电量和输入功率。

8.2.3 相同的参数所采用的仪器精度不同，测试结果的绝对误差也会相差较大，所以选用仪表时，应在满足被测量值范围的前提下，尽可能选择量程小的仪表。仪器精度及测量范围见表 4。

表 4　测试仪器性能参数表

仪器类型	准确度或精度	测量范围
水温度测试仪器	小于或等于 0.2 ℃	−20 ℃～100 ℃
水流量测试仪器	小于或等于 2%	大于或等于循环流量的 1.5 倍
功率测试仪器	大于或等于 3.0 级	大于或等于额定功率的 1.5 倍

8.2.5　进行地源热泵系统性能测试时，室外气候条件应按照现行国家标准《民用建筑供暖通风与空气调节设计规范》GB 50736、气象资料及相关设计手册确定。上海地区夏季空调设计室外干球温度为 34.4 ℃，室内空调设计温度为 24 ℃～28 ℃；上海地区冬季空调设计室外干球温度为 −2.2 ℃，室内空调设计温度为 18 ℃～24 ℃。2007 年节能相关政策出台后，国家规定夏季当室内温度高于 26 ℃时，可开启空调制冷；冬季当室内温度低于 20 ℃时，可开启空调制热。

对开启空调的最低及最高温度，当前国家并无明确的硬性规定，参考部分地方政府和上海市相关企业的节能建议：夏天 26 ℃、冬天 16 ℃开启空调。根据相关研究，在上海地区过渡季节28 ℃～30 ℃之间，可采用自然通风和提高室内风速感的手段，提高人体温度耐受性，无须再开启空调。

因此，兼顾空调负荷的影响，采用大于或等于 30 ℃作为夏季测试最低室外温度，小于或等于 16 ℃作为冬季测试最高室外温度。

8.2.6　利用系统已有的流量计进行测量时，应通过标定有效期内的移动式超声波流量计进行校验。利用超声波流量计进行检测时，测点应布置在流速相对较稳定的直管段，应根据仪器说明书，注意相应检测条件，并进行数据修正。

8.2.7　由于现场一般采用非破损方法测试，较少采用断管安装温度计，且计算处理所用的为供回水温度差，故可采用现场温度套管和测试管壁温度差的方法。

预设或利用管路上原有的温度计套管(一般为薄壁钢管或不锈钢薄壁管,插入深度为1/2管道直径),套管内注入导热性能良好的机油,再密封紧密安装,并确保探头与套管底部接触良好,注意读数时不应拔出温度计。

当因现场条件限制不能提供安放温度计的位置时,可利用热电偶温度计直接测量供回水管外壁面的温度,通过两者测量值相减得到供回水温差。测量时应注意在供回水管外壁面安放热电偶后,必须在测量位置覆盖绝热材料,保证热电偶和水管管壁的充分接触。热电偶测量误差应经校准确认满足测量要求或保证热电偶是同向误差,即同时保持正偏差或负偏差。

8.2.8 根据测试目的不同,地源热泵系统现场测试需要对设备的输入功率和耗电量等用电参数进行测试。电参数的测试可采用功率表、电流电压表、互感器或电能表,检测前应注意确认测试电路与测试设备的对应关系,通过启停设备并观察记录数据,以确保测试准确性。

8.2.9 本条对检测时间进行了规定。

1 检测持续时间:对于具备条件的工程系统,能安装监测系统进行长期运行监测最好;对典型工况下有限时间的检测,在确保合理兼顾经济的条件下,至少确保完整记录一个周期内的建筑物系统运行参数;对于常规的居住建筑和公共建筑,宜连续检测2 d~3 d,至少连续检测24 h。

2 检测间隔时间:对于不同的基本参数检测,容许的测试时间间隔略有不同,但以能客观、及时反映系统的变动,宏观把握系统运行规律为原则。本条款参考相关标准、规范汇总得出。